数字绘画技法丛书

Procreate
绘画创作从入门到精通

史悟轩 著

U0234761

化学工业出版社

·北京·

本书以Procreate为主要工具，带领读者进入移动设备数字绘画领域，帮助读者把自己的创意绘画工作从传统的电脑转移到移动设备上，更自由地实现自己的创意。全书共11章，从平板设备数字绘画概述开始，介绍Procreate基础，结合作者的作品和创作经验，带领读者逐步熟悉Procreate在多种风格数字绘画作品中的使用方法，包括素描、速写、动漫角色设计、水彩风格儿童插画、唯美风格插画、肖像漫画等。为了帮助读者进一步提升作品的效果，优化自己的工作流程，本书讲解了将Procreate与传统的电脑绘画软件Photoshop相结合运用的技法。在此基础上，又带领读者学习Procreate偏好设置、高级设置。为了方便读者的日常创作，本书简要介绍了手机端Procreate Pocket的应用。本书把软件的功能穿插在不同的实例中进行讲解，深入浅出，易于理解。此外，书中每个案例均配有教学视频、案例源文件，读者可扫描二维码、登录出版社官方网站搜索本书，在"资源下载"处免费获取。

　　本书可作为大中专院校美术类相关专业教材，也适用于具有一定美术和数字绘画基础，希望提高作品水平和工作效率的动漫、插画、电影美术从业者。

图书在版编目（CIP）数据

Procreate绘画创作从入门到精通/史悟轩著．—北京：化学工业出版社，2018.11（2022.2重印）
（数字绘画技法丛书）
ISBN 978-7-122-32897-7

Ⅰ．①P… Ⅱ．①史… Ⅲ．①图像处理软件 Ⅳ．①TP391.413

中国版本图书馆CIP数据核字（2018）第196160号

责任编辑：张　阳　　　　　　　　　　　　装帧设计：王晓宇
责任校对：宋　夏

出版发行：化学工业出版社（北京市东城区青年湖南街13号　邮政编码100011）
印　　装：中煤（北京）印务有限公司
787mm×1092mm　1/16　印张10¾　字数257千字　2022年2月北京第1版第8次印刷

购书咨询：010-64518888　　　　　　　　　售后服务：010-64518899
网　　址：http://www.cip.com.cn
凡购买本书，如有缺损质量问题，本社销售中心负责调换。

定　　价：59.80元

Preface
前言

　　笔者写这本书，有两个主要原因。

　　首先，是笔者自己在使用电脑进行数字艺术创作十多年后，已经深深地厌倦了传统的电脑和手绘板设备所带来的限制。而近年来移动平板设备，尤其是iPad和Apple Pencil的出现，逐渐将笔者解放出来，使自己可以更自由、更方便地随时随地进行创作。

　　其次，是因为许多年来，总有对数字绘画感兴趣的朋友问笔者，怎样才能"在电脑上画画"？但绝大多数人都会被"学习专业的绘图软件"和"购买专业的手绘板"所需的时间和经济成本吓住，不敢再进一步学习。而iPad和Procreate软件的便利性、易用性恰恰弥补了传统创作方法的缺点，可以让非专业的爱好者在短时间内掌握其使用方法。

　　通过本书，笔者希望能帮助专业、非专业的读者朋友们进入iPad和Procreate数字绘画的世界，使硬件不再限制我们的灵感、软件不再阻挡我们学习的脚步，让每个人都能用最简单、最直接的方法创作出自己独有的绘画作品。

　　鉴于笔者的学识和专业水平，书中难免有不足之处，敬请各位专家、读者指正！

著　者

2018 年 7 月

从入门到精通　Procreate绘画创作

CONTENTS

目录

第1章

平板设备数字绘画概述

1.1 平板设备数字绘画的出现

　　绘画艺术经过几千年的发展，除了绘画风格的不断演进，绘画工具也在经历不断的改进和革新。进入计算机时代之后，传统艺术家不断尝试通过计算机进行创作。而开发人员则一直不断改进计算机软、硬件的使用方式，使其尽量接近传统绘画的形态，从而更加符合艺术家的使用习惯。因此，计算机软件、硬件领域的技术一直层出不穷。软件方面，针对不同的数字图形、数字艺术应用领域产生了不同的应用软件（图1-1-1）；硬件方面，从鼠标、手绘板到手绘屏（图1-1-2），不断在形态上接近画布、笔的传统绘画方式。

图1-1-1　PC端绘图软件Photoshop、painter、SAI

图1-1-2　Wacom绘图设备

自2010年的首代iPad（图1-1-3）到近年发布的iPad Pro，其功能除了能够满足上网、看电影、游戏等日常娱乐、生活需求之外，由于其硬件性能和易用性的提高，已经成为艺术家、设计师进行数字艺术创作的重要工具。

首先，在硬件形态上，iPad配合Apple Pencil（图1-1-4）或其他触控笔，已经非常接近传统艺术家的绘画工具；其次，在软件界面上，由于iPad设备没有键盘、鼠标，完全依赖与用手和笔在触摸屏上操作，所以其界面大都简单易用，更适合艺术家快速学习、掌握。

Completely familiar.
Entirely revolutionary.
Introducing Apple Pencil for iPad Pro.

图1-1-3　iPad一代　　　　　　　图1-1-4　Apple Pencil

近年来，各大软件公司陆续推出了包括数字绘画、动画、视频剪辑等类型的数字艺术创作App软件，以满足不同的创作需要。

目前，功能较完善且被广泛使用的数字绘画软件除了Procreate之外，还包括下一节中将要介绍的软件。

1.2　移动端数字绘画软件介绍与比较

图1-2-1　Autodesk SketchBook

（1）SketchBook

SketchBook（图1-2-1）由著名的数字艺术软件公司Autodesk公司开发，曾获得业内多个奖项，提供PC、Mac、iOS、Android多个平台版本。其功能全面强大，工具多样，笔刷丰富，被广泛应用于建筑、工业设计、游戏设计等领域。

（2）ArtRage

ArtRage（图1-2-2）是Ambient Design出品的绘画软件，现在支持PC、Mac、iOS、Android多个平台。ArtRage以模拟真实绘画笔触、效果见长，其自带的铅笔、油画笔、马克笔、色粉笔、调色刀等工具，可以在短时间内快速模拟出真实的绘画效果，深受传统画家的喜爱。

图1-2-2　ArtRage

图1-2-3 Paintstorm

（3）Paintstorm

Paintstorm（图1-2-3）是一个相对年轻的绘画软件，虽然在知名度上暂时不能与Procreate、Sketchbook相比，但功能非常强大。Paintstorm的界面与传统电脑图像软件（如Photoshop）相似，具有完善、多样的工具菜单和面板，可以在平板设备上实现以往要通过电脑才能完成的工作，未来具有很大发展潜力。

（4）MediBang Paint

MediBang Paint（图1-2-4）有PC、Mac、iOS、Android等多平台版本，并且都完全免费，是一款主要面向日式风格漫画创作者的软件。功能不仅完善、强大，其"分割漫画格"、网点素材、笔刷等工具更适合漫画的创作流程。MediaBang还创建了丰富、活跃的作品分享到交流社区，方便作者之间的交流。

图1-2-4 MediBang Paint

（5）Adobe Sketch/Adobe Draw

图1-2-5 Adobe Sketch

图1-2-6 Adobe Draw

知名图形软件公司Adobe推出的绘图软件。Sketch（图1-2-5）与Draw（图1-2-6）分别针对位图绘画和矢量图绘画。界面简单易用，画笔种类较少，但可以应对多数使用需要，尤其是Sketch的水彩画笔，可以很好地模拟传统水彩颜料的绘画特性。同时，由于同由Adobe推出，Sketch与Draw的文件非常便于与Adobe其他软件协作、交流。

1.3 Procreate介绍

图1-3-1 Procreate

Procreate（图1-3-1）是目前最受全球数字艺术家偏爱、使用最为广泛的数字绘画应用之一，被广泛应用于插画、游戏设计、艺术设计等领域（图1-3-2、图1-3-3）。自推出以来，接连获得多个专业奖项，包括ImagineFX编辑选荐、苹果最佳设计奖、苹果商店精选、2015iPhone最佳应用等。

图1-3-2　Procreate绘画作品《Portrait》

图1-3-3　Procreate绘画作品《Rainbow Feather》

　　首先，Procreate界面（图1-3-4）设计简洁直观，充分运用了iPad的特点和优势，操作简便灵活，易于上手。同时，Procreate功能强大，视图、图层等功能完全能够满足艺术创作的需要，特别是丰富的笔刷功能，为艺术家提供了灵活自由的创作空间，是其他移动端数字绘画软件所不能比拟的。Procreate运用了先进的图形引擎和计算方法，使得绘画过程极为流畅。

图1-3-4　Procreate绘图界面

　　Procreate的工作界面看似简单，但其将在数字绘画中常用的功能（画笔调节、图层切换、工具选择等）高度集成在界面两侧以及上方的按钮当中，为艺术家保留了最大化的绘画区域。并且，按钮的位置也适应平板设备的使用场景，艺术家在绘画中可以灵活使用触摸屏进行双手手势的操作，大大提高工作效率。Procreate的手势操作丰富、方便，常用的返回、重做、取色、翻转画布、粘贴等都可以通过不同的手势来实现，节省了大量的时间，真正实现了相对于桌面系统操作上的优化。

Procreate目前仅提供iOS系统版本，包括供iPad端使用的Procreate，以及供iPhone端使用的Procreate Pocket（图1-3-5）。Procreate拥有完整的功能和全部内置画笔，而手机版本虽然受屏幕尺寸的限制（图1-3-6），仍提供了大多数所需的功能，能够方便数字艺术家随时记录灵感，或是完成数字作品的一般处理工作。因为功能更为完整、强大，所以本书将以iPad端的Procreate为主进行讲授。Procreate Pocket的使用将在第11章中进行详述。

Procreate Pocket的界面比iPad端更为精简，保留了常用的功能和绘画笔刷，方便艺术家在小面积的手机屏幕用手指进行操作。在支持3D Touch功能的机型上，Procreate Pocket支持压力感应，可以根据手指的用力程度实现不同粗细、深浅的画笔效果。

Procreate可以方便、快捷地进行作品的分享。所支持导出的文件格式除了其独有的Procreate文件外，还支持常用的PSD、PDF、JPG和PNG文件（图1-3-7），并可通过itunes、iCloud或其他云端平台进行分享传输，方便作品的发布或在Photoshop等软件中进一步创作和编辑，这部分内容在第9章中详述。

Procreate具备绘画过程视频的录制、导出的能力。艺术家可以方便地将自己的绘画过程进行录制，如需要还可以同时利用iPad的麦克风进行语音讲解的录制，并在最后生成mov格式的视频文件。在最近一次的更新中，Procreate还增加了绘画过程的直播功能，可以将自己的绘画过程实时分享给网络上的观众进行观看、交流。Procreate作品和绘画过程的导出、分享功能将在本书第9章进行详细的讲解。

图1-3-5　Procreate Pocket

图1-3-6　Procreate Pocket绘图界面

图像格式

Procreate

PSD

PDF

JPEG

PNG

TIFF

图1-3-7　Procreate文件导出界面

第1章　平板设备数字绘画概述

Chapter 1
Chapter 2
Chapter 3
Chapter 4
Chapter 5
Chapter 6
Chapter 7
Chapter 8
Chapter 9
Chapter 10
Chapter 11

第2章

Procreate 使用基础

在本章中，我们将系统地对 Procreate 的界面、命令与使用方法进行学习。

2.1 界面与菜单

与传统的 PC 端数字绘画软件相比，Procreate 的界面相当简洁，没有复杂的窗口和命令。但是，通过丰富的手势操作，仍然保证了功能的完整和较高的工作效率。

2.1.1 界面分布

在 Procreate 的使用中，有两个主要的工作界面——图库界面、绘图界面。打开 Procreate，直接进入图库界面（图 2-1-1）。在这个界面当中，可以进行作品的建立、管理以及导入、导出等工作。

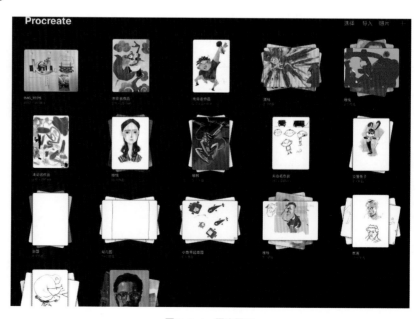

图 2-1-1 图库界面

新建或选择打开一个文件后，进入绘图界面（图2-1-2），所有的绘画工作都是在这个界面当中完成的。

图2-1-2　绘图界面

2.1.2　文件管理界面详解

图库界面中有两种图标。

一种是绘画文件的图标，即该图片的缩略图，代表单个绘画文件。从图标上可以看到作品的基本信息，包括该作品的缩略图、作品名以及作品的尺寸。如图2-1-3例子中，缩略图下方可以看到作品名——涂long季，文件尺寸为210×297毫米。

另一种图标（图2-1-4）是由多张作品堆叠在一起组成的，代表这是一个包含多幅作品的文件夹。最上面的一张图片为文件夹中第一张作品的缩略图。图标下方则是文件夹的基本信息，包括文件夹名以及目录中作品的数量。在本例中，文件夹图标最上面的图是一张女性头像，也就是本文件夹中的第一幅作品，下方的白色文字"Girl's Portraits"是这个文件夹的名字，最下方则表明了本文件夹中包含24个作品。

图2-1-3　绘画文件图标

第2章　Procreate 使用基础

Chapter
1

Chapter
2

Chapter
3

Chapter
4

Chapter
5

Chapter
6

Chapter
7

Chapter
8

Chapter
9

Chapter
10

Chapter
11

用手指或触控笔按住图标不动，然后拖拽，即可拖动文件和文件夹，来改变它们的位置和顺序（图2-1-5）。

图2-1-4 文件夹图标

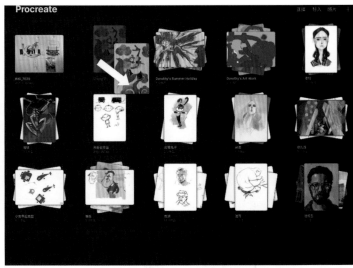

图2-1-5 拖动绘图文件

在图标上从右向左滑动，则可以对文件或文件夹进行共享、复制和删除的操作（图2-1-6）。

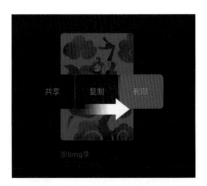

图2-1-6 对文件进行操作

如果要对多个文件进行批量操作，可以先点击图库界面右上角的"选择"按钮，然后逐个选择文件（图2-1-7）。

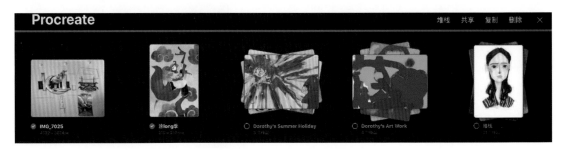

图2-1-7 选择多个文件

通过使用共享命令，可以将作品导出为 Procreate、PSD、PDF、JPEG、PNG、TIFF 等多种图像文件格式（图2-1-8）。

文件夹的操作与单个文件相同，在分享文件时可以一次性导出文件夹中的所有作品（图 2-1-9）。

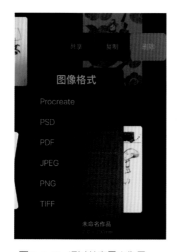

图2-1-8　通过共享导出作品

图2-1-9　导出多个文件

关于通过 Procreate 导出文件、与 Photoshop 等软件协作使用的内容，我们将在第9章详细讨论。

单击图库界面右上角的"导入"按钮，可以进入 iOS 系统的文件管理界面（图2-1-10）。

图2-1-10　iOS"文件"界面

在这个界面中，除了可以选择在Procreate中绘制的作品之外，还可以选择其他软件和iCloud云端存储的文件，为软件和平台之间文件的交流提供了极大的方便。

单击图库界面右上角的"照片"按钮，可以在系统相册中选择一个图片，并以此文件为基础新建一个文件。在相册中选择的文件会直接导入文档中，文档的尺寸即为所选择图片文件的尺寸。

单击"+"图标，则可以新建一个空白的新文档。

在新建菜单中，可以直接创建预设尺寸的画布（图2-1-11）。

屏幕尺寸：与所用iPad设备的屏幕分辨率尺寸相同。

正方形：长宽相同的正方形画布，默认尺寸为2048×2048。

4K：4K视频的尺寸。

A4：A4纸张大小的文件，以毫米（mm）为单位。

4×6照片：照片尺寸。

单击最下方的"创建自定义大小"按钮，可创建任意尺寸的画布（图2-1-12）。

图2-1-11 新建画布　　　　　　　　　　　图2-1-12 自定义画布尺寸

在这个菜单中，可以自定义画布的尺寸、DPI。在下方的菜单中，点击左侧"毫米""厘米""英寸""像素"等按钮，可在不同单位之间切换。同时，可以为当前设置命名，以便下次再次新建文档时，再次使用相同设置。

2.1.3　绘图界面详解

绘图界面中有三组主要的菜单。左上角的菜单是功能菜单，完成软件设置或图像调整方面的功能；右上角是绘图工具菜单，包括画笔、橡皮、图层等工具；左侧是画笔快捷设置，可以在绘画过程中快速设置画笔的属性（图2-1-13）。

（1）功能菜单

左上角的菜单，从左到右依次为图库、操作、调整、选择工具、变换工具（图2-1-14）。

图2-1-13　界面区域

图2-1-14　功能菜单

1）图库

点击即可回到图库界面。

2）操作菜单

包括图像、画布、共享、视频、偏好设置、帮助菜单（图2-1-15）。

图像：进行各类图片素材的导入和对当前图像的操作（图2-1-15）。

画布：包括画布的设置，创建与编辑参考线，水平、垂直翻转画布，当前画布的详细信息（图2-1-16）。

图2-1-15　图像菜单

图2-1-16　画布菜单

共享：将当前作品导出为多种格式的文件（图2-1-17）。

视频：绘画过程的录制与分享（图2-1-18）。

图2-1-17　共享菜单

图2-1-18　视频菜单

偏好设置：包括软件界面、画笔等的各项详细设置（图2-1-19），将在后面的章节中详述。

帮助：新增功能、恢复购买、客户支持、社区等辅助功能（图2-1-20）。

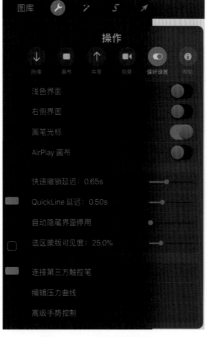

图2-1-19　偏好设置菜单

图2-1-20　帮助菜单

3）调整菜单

调整菜单按照功能被分为两个菜单组（图2-1-21）。上方菜单组的功能类似于Photoshop的滤镜，可以在已有图像的基础上（图2-1-22），对其施加不透明度（图2-1-23）、高斯模糊（图2-1-24）、动态模糊（图2-1-25）、透视模糊（图2-1-26）、锐化（图2-1-27）、杂色（图2-1-28）等效果。

图2-1-21　调整菜单

图2-1-22　原图

图2-1-23　不透明度

图2-1-24　高斯模糊

Chapter 1
Chapter 2
Chapter 3
Chapter 4
Chapter 5
Chapter 6
Chapter 7
Chapter 8
Chapter 9
Chapter 10
Chapter 11

图2-1-25 动态模糊

图2-1-26 透视模糊

图2-1-27 锐化

图2-1-28 杂色

图2-1-29所示菜单组的功能则类似于Photoshop的图像－调整功能，主要对图像的色彩进行调整。

色调、饱和度、亮度：分别对图像的这三个参数进行调整。

颜色平衡：对图像的不同亮度区域分别进行色彩的调整。

曲线：对图像的不同色彩通道进行调整。

重新着色：选择图像中的某个颜色，并为其重新指定颜色。

| 色调、饱和度、亮度 |
| 颜色平衡 |
| 曲线 |
| 重新着色 |

图2-1-29 菜单组

4）选择工具

选择工具具有手绘、自动两种模式（图2-1-30），手绘模式的功能类似Photoshop的套索工具，可以自由地在图像中画出选区；自动模式的功能则类似于Photoshop的魔棒工具，可以按照颜色的相似值选择特定的区域。

手绘　自动

图2-1-30 模式选择

① 手绘模式

用手指或笔直接在画布上画出想要选择的区域，会生成一个闪烁的虚线。当手指或画笔离开屏幕时，在虚线开始位置出现一个灰色的圆点（图2-1-31）。

但是，当前选区还没有生成，所以可以在虚线的结尾位置继续绘制选区；或者点击虚线开始位置的灰色圆点，则会生成最终的选区（图2-1-32）。

图2-1-31 绘制选区

图2-1-32 生成选区

Chapter 1
Chapter 2
Chapter 3
Chapter 4
Chapter 5
Chapter 6
Chapter 7
Chapter 8
Chapter 9
Chapter 10
Chapter 11

生成选区之前，如点击屏幕下方的"+"按钮（图2-1-33），则可在生成选区后，增加一个新的选区。重复此步骤，可同时选择多个不相连的区域（图2-1-34）。

图2-1-33　选取操作

在生成选区之前，如点击屏幕下方的"—"按钮，则刚才所画的区域将被定义为减选操作，图像中除去所画区域之外的区域将生成为选区。

重复上面点击"—"的操作，则可继续将不同区域从整个图像中去掉（图2-1-35）。

图2-1-34　添加选区

图2-1-35　反选

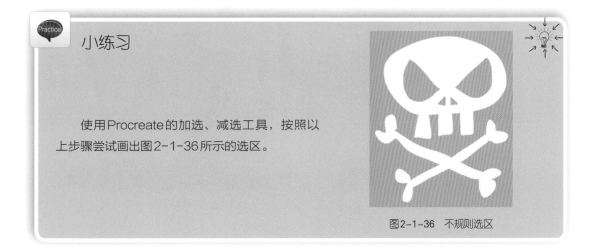

小练习

使用Procreate的加选、减选工具，按照以上步骤尝试画出图2-1-36所示的选区。

图2-1-36　不规则选区

② 自动模式

选择自动模式后，将手指或画笔放在需要选择的颜色上，向右滑动，则会以所选点的颜色为取样颜色，不断增大选择范围，所选中的区域由反相模式显示（图2-1-37 ~ 图2-1-39）。

图2-1-37　选取颜色

图2-1-38　增大范围

图2-1-39　反相显示的选区

手指滑动时，屏幕上方会出现蓝色的滑动条（图2-1-40），此为"选区阈值"的百分比数值。手指向右滑动时，滑动条蓝色区域增大，选区阈值也增大，选区会从取样点向外扩张；手指向左滑动，滑动条蓝色区域减小，选区阈值降低，选区会向取样点收缩。

图2-1-40　"选区阈值"的百分比

生成选区后，点击反选按钮，则进行反向选择操作（图2-1-41）。

点击"×"，则取消所有选区。

生成选取后，就可以对选区内的图像进行调整、绘画、擦除等操作（图2-1-42）。

图2-1-41　反选选区

图2-1-42　在选区内操作的效果

5）变换工具

变换工具可对当前图层（如有选区则针对选区内）的图像进行变形操作。有自由变换和磁铁两种模式（图2-1-43）。自由变换模式可以以任意角度旋转对象，而磁铁模式则会按照一定角度进行旋转。

图2-1-43　变换工具

屏幕下方的按钮，除"自由变换""磁铁"两种模式选择按钮外，从左到右依次为：将原图（图2-1-44）进行水平翻转（图2-1-45）、垂直翻转（图2-1-46）、顺时针旋转45°（图2-1-47）、缩放到画布尺寸（图2-1-48）、取消变换、撤销上一步。

按住变形控制器四角的控制点不动，则进入任意变换模式，可以对图像进行不规则的扭曲变形（图2-1-49）。

图2-1-44　原图

图2-1-45　水平翻转

图2-1-46　垂直翻转

图2-1-47　顺时针旋转45°

图2-1-48　缩放到画布尺寸

图2-1-49　扭曲变形

Chapter 1

Chapter 2

Chapter 3

Chapter 4

Chapter 5

Chapter 6

Chapter 7

Chapter 8

Chapter 9

Chapter 10

Chapter 11

（2）快捷设置

左侧的工具条包括画笔尺寸、画笔透明度、颜色、撤销和重做按钮（图2-1-50）。

点击画笔尺寸和画笔透明度的滑块，向上拖动滑块可加大画笔尺寸（提高透明度），向下拖动则缩小画笔尺寸（降低透明度）。点击颜色按钮，可在画布上打开拾色器，选择画布上已有的颜色（图2-1-51）。

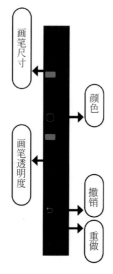

图2-1-50　工具

（3）绘图工具菜单

右上角的菜单依次为：画笔、涂抹、橡皮、图层、颜色工具（图2-1-52）。

1）画笔工具、涂抹工具与橡皮工具

画笔工具（图2-1-53）、涂抹工具（图2-1-54）与橡皮工具（图2-1-55）虽然功能不同，但由于都使用相同的笔刷和设置，所以使用方法大体相同。

Procreate的画笔很丰富，有绘图、着墨、书法、上漆等多种分类，每种分类中又有多个画笔可选择，并且每个都可以对画笔进行进一步的设置（图2-1-56）。我们也可以通过照片或自己创建的图像来创建自己的自定义画笔。

图2-1-51　拾色器

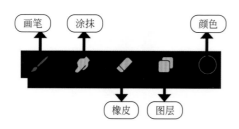

图2-1-52　右上角菜单

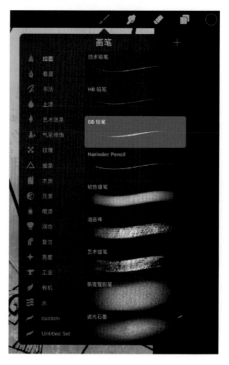

图2-1-53　画笔工具

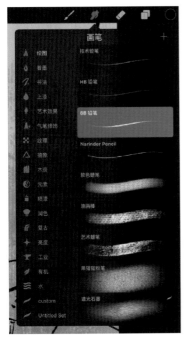

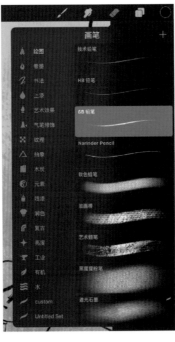

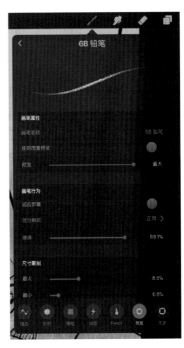

图2-1-54　涂抹工具　　　　　　　图2-1-55　橡皮工具　　　　　　　图2-1-56　画笔设置菜单

　　相对于其他绘图App，Procreate的笔刷功能是其最大的优势，也是艺术家选择使用Procreate的最重要原因之一，这部分内容我们将在第8章进行讨论。

　　2）颜色工具

　　界面右上角的彩色圆形图标，是Procreate的颜色工具（图2-1-57）。颜色工具的使用灵活，可采用采用"磁盘""经典""值""调色板"四种模式进行颜色的选择。

　　颜色面板右上角的两个色块之中，左侧色块为原选择颜色，右侧色块为正在选择的颜色。右侧色块与所取色同步变化，用来与原颜色进行对比。

　　在磁盘模式中，可通过外部色环来选择颜色的色相，通过内部的圆盘来选择颜色的饱和度和亮度（图2-1-57）。

　　经典模式与磁盘模式相似，可在下方的三个滑动条中对色相、饱和度、亮度分别调节（图2-1-58）。

　　在值模式中，可通过输入HSB、RGB或十六进制三种模式的具体数值，来对颜色进行精确的选取（图2-1-59）。

　　在调色板模式中，可通过预设的调色板进行颜色的选取（图2-1-60）。

图2-1-57　磁盘模式

图2-1-58 经典模式

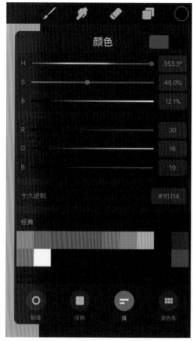

图2-1-59 值模式

图2-1-60 调色板模式

用户可以根据自己的用色风格和习惯，创建自定义色板（图2-1-61），提高工作效率。

用户在建立色板后，可将色板输出为".swatch"文件（图2-1-62），与其他用户或设备分享（图2-1-63）。

图2-1-61 自定义色板

图2-1-62 色板"swatch"文件

图2-1-63 操作色板

2.1.4 图层工具

图层工具（图2-1-64）是数字艺术家在创作中最为常用的功能。将画面分解成不同的元素色，并对作品分层进行创作，大大提高了艺术家创作的灵活性和效率。

图层可以理解为多个自上而下叠放在一起的透明玻璃或胶片。在默认情况下，除创建文件时默认的背景图层外，所有图层都是完全透明的。

与Photoshop等图形处理软件相同，Procreate图层采用自上而下排列的方法，上层的图像可以遮盖下层的图像（除非采用不同的图层叠加模式）。在图2-1-65所示的例子中，各图层按顺序进行叠加、覆盖，最终合成为完整的作品。

在Procreate中创建新文件时，会默认创建一个实色填充的背景图层——"背景颜色"，默认为白色，但此图层颜色可由用户自行选择。点击"背景颜色"层，则会弹出"颜色"面板，以改变此图层的颜色（图2-1-66）。

图2-1-64 图层

图2-1-66 改变背景层颜色

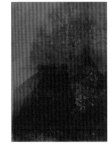 +  + =

图2-1-65 图层叠加效果

用手指或画笔按住图层不动，上下拖动，可以改变图层的排列顺序，从而改变图像的遮挡关系（图2-1-67、图2-1-68）。

依次在图层上用手指或笔从左向右拖动，可同时选择多个图层。被拖动过的图层会显示为蓝色，表示已被选中（图2-1-69）。选择完成后，可同时移动已选择的多个图层。

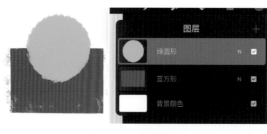

图2-1-67　绿球层在上

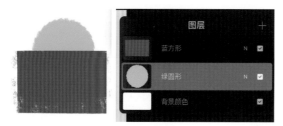

图2-1-68　蓝方块层在上

图2-1-69　选择多个图层

在多个图层都被选中的情况下，选择和变形工具可以同时应用到多个图层（图2-1-70），而调整、滤镜、剪切和拷贝则只能被应用到第一个被选择的图层上。

（1）图层面板

点击图层图标，弹出图层面板（图2-1-71）。

图2-1-70　同时变换多个图层

图2-1-71　图层面板

通过图层面板，可以看到所需的图层信息。

从左到右，每个图层都有图层的缩略图、图层名、图层叠加模式、图层开关选项（图2-1-72）。

缩略图：本图层图像缩略预览。

图层名：图层名字，默认为"图层1""图层2"……可自行更改。

图层叠加模式：当前图层与其之下图层的叠加、混合模式，通过选择不同的叠加模式，可使本图层与下面的图层进行不同形式的混合。

图层显示开关：打开或关闭图层显示。

（2）图层叠加模式

图层之间最基础的叠加方式为透明度。点击图层后方的"N"图标，展开图层的叠加属性（图2-1-73）。

图2-1-72　图层信息

图2-1-73　图层叠加模式

下方的透明度滑动条，可调整图层的透明度。图层的透明度为0至100%，数值越大图层越不透明，数值越低图层越透明（图2-1-74、图2-1-75）。

除了透明度之外，还可以通过选择不同的叠加模式来实现不同的叠加效果。Procreate中的图层叠加模式分为变暗、变亮、对比度、不同、颜色五大类（图2-1-76），每种分类中包括正常（图2-1-77）、乘（图2-1-78）、变亮（图2-1-79）、强光（图2-1-80）、排除（图2-1-81）、发光度（图2-1-82）等多个模式。

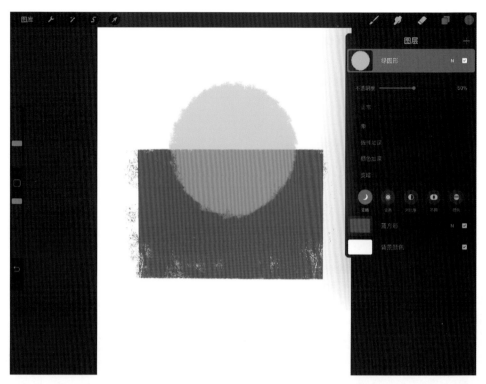

图2-1-74　图层透明度50%

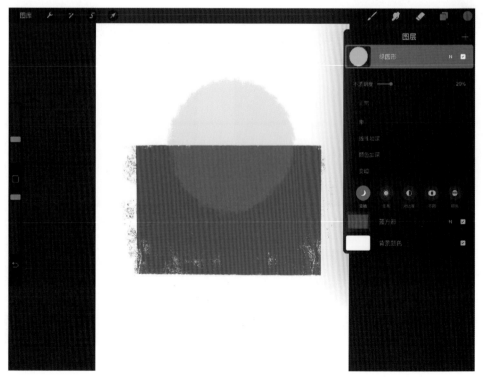

图2-1-75　图层透明度20%

(a) 变暗

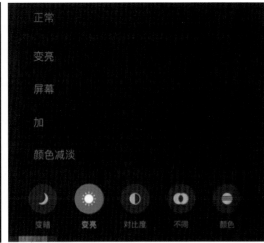

(b) 变亮

(c) 对比度

(d) 不同

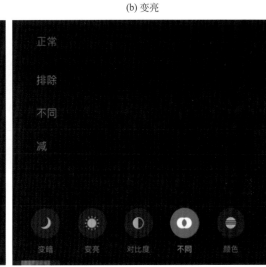

(e) 颜色

图2-1-76　图层叠加模式菜单

Chapter
1

Chapter
2

Chapter
3

Chapter
4

Chapter
5

Chapter
6

Chapter
7

Chapter
8

Chapter
9

Chapter
10

Chapter
11

通过使用不同的叠加效果，艺术家可以更为方便地进行创作，还可以创造出更多的创作风格和创作方法。

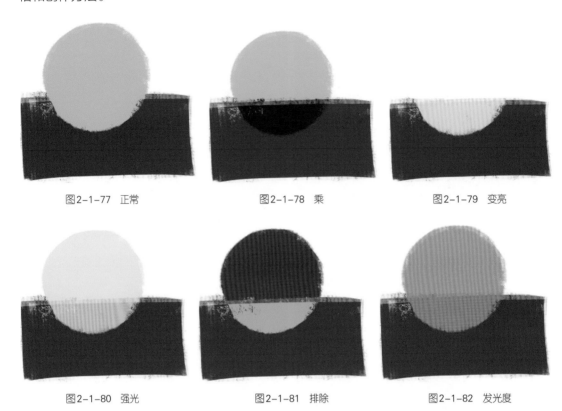

图2-1-77　正常　　　　　　图2-1-78　乘　　　　　　图2-1-79　变亮

图2-1-80　强光　　　　　　图2-1-81　排除　　　　　　图2-1-82　发光度

点击右上角的"+"，可以创建新图层。

在图层上用手指或笔从右向左滑动，出现图层的操作按钮，可以对单个图层进行"锁定""复制""删除"操作（图2-1-83）。

图2-1-83　操作图层

锁定：锁定本图层，锁定后不能再对图层内容进行任何操作。

复制：复制一个与本图层相同的图层。

删除：删除本图层。

点击图层的缩略图，弹出图层的操作菜单（图2-1-84）。

重命名：重新命名当前图层。

选择：生成以当前图层内容为范围的选区（图2-1-85）。

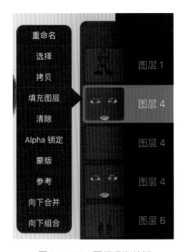

图2-1-84　图层操作菜单　　　　　　　　　　图2-1-85　生成选区

拷贝：将当前图层的内容拷贝到剪贴板，可通过选择"操作－图像－粘贴"进行粘贴。

填充图层：用当前选定的颜色填充本图层。

清除：删除本图层的内容，保留图层。

Alpha锁定：用图层像素的范围来限定本图层的Alpha通道，锁定后只能在已有像素上进行绘画（图2-1-86）。

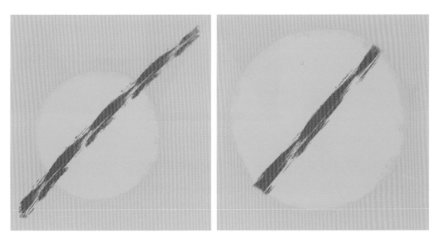

图2-1-86　画在Alpha锁定范围内

蒙版：为当前图层创建空白蒙版，图层的蒙版显示在图层的上方（图2-1-87）。

图2-1-87　图层蒙版

Chapter
1

Chapter
2

Chapter
3

Chapter
4

Chapter
5

Chapter
6

Chapter
7

Chapter
8

Chapter
9

Chapter
10

Chapter
11

　　蒙版层是一个黑白灰度层，通过蒙版层上的灰度图像来设定当前绘制层的显示范围及透明度。黑色区域为完全透明（不显示），白色区域为完全不透明（显示），而不同程度的灰色区域则显示为不同程度的半透明效果。

　　蒙版功能与Alpha锁定的效果相似，但蒙版层与绘制层的内容是分别进行绘制的，所以更为灵活。可以通过使用画笔、选择等工具更为灵活地调整蒙版层，从而调整绘制层的显示范围（图2-1-88）。

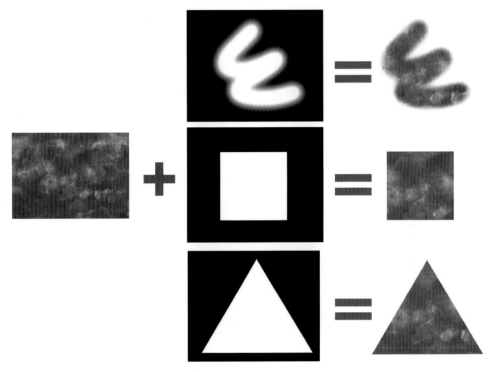

图2-1-88　蒙版效果

　　参考：将当前所选图层设定为参考层。参考层是专门用来填色的工具，将某图层设定为参考层，即可以此参考层为依据，创建单独的填色层。一个文件同时只能有一个参考层，如想使用另外的图层作为参考层，则需先取消原来的参考图层。下面以心形填色的小练习为例对参考图层的运用进行具体说明。

小练习

① 在画布上用钢笔绘制一个心形（图2-1-89）。

图2-1-89　钢笔绘制心形

② 点击图层 1，在弹出菜单中选择"参考"（图 2-1-90、图 2-1-91）。

图 2-1-90 图层操作菜单

图 2-1-91 设为参考层

③ 点击右上角的"+"图标，创建"图层 2"，点击选择"图层 2"（图 2-1-92）。

④ 拖动右上角的颜色到心形内部，松开手指或笔，钢笔线内部的区域被填充为红色（图 2-1-93）。

图 2-1-92 新建图层

图 2-1-93 填充心形

⑤ 打开图层面板，可以看到颜色被单独填充在图层的 2 当中，而图层 1 保持原有的黑色钢笔线（图 2-1-94）。

图 2-1-94 线稿层与颜色层

Chapter
1

Chapter
2

Chapter
3

Chapter
4

Chapter
5

Chapter
6

Chapter
7

Chapter
8

Chapter
9

Chapter
10

Chapter
11

向下合并：将当前层与其下面一个图层合并为一个图层。

用两个手指分别放在上下两个图层上，然后向中间捏合，可以快速将两个图层合并为一个图层。如要合并多个图层，用两只手指放在最上面和最下面的图层上，然后向中间捏合，可合并为一个图层。

向下组合：将当前图层与其下面一个图层组合为一个新的图层组。在图层组中，两个图层仍保持相互独立（图2-1-95）。

（3）图层的导出

利用iOS的多窗口功能，Procreate可实现灵活的图层导出功能，导出单个图层或分别导出多个图层。

打开Procreate文件后，用手指从界面下方向上滑动，调出iOS系统的DOCK栏（图2-1-96）。

图2-1-95　图层组

图2-1-96　DOCK栏

按住"文件"图标，向上拖动到屏幕左侧，形成并列的多任务窗口（图2-1-97）。

在Procreate窗口中，打开图层窗口，依次选择所有需要导出的图层，可选择一个或多个图层（图2-1-98）。多个图层的选择方法参考前文。

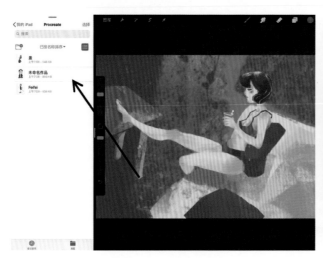

图2-1-97　多任务窗口

图2-1-98　选择多个图层

按住所选图层不动，然后向左拖动，将图层拖到"文件"窗口中（图2-1-99）。

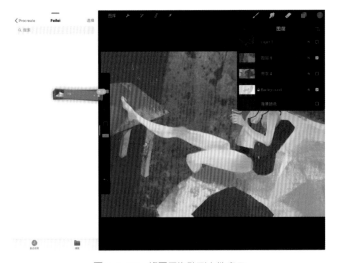

图2-1-99 将图层拖动到文件窗口

"文件"窗口中出现与Procreate中图层名字相同的图片文件（图2-1-100）。

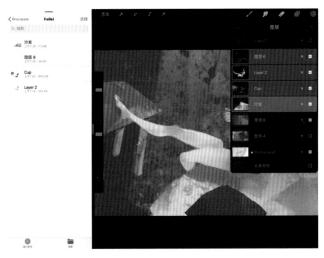

图2-1-100 导出到文件中

打开查看导出的图像，可以看到Procreate已经将每个图层分别导出为独立的图层，以便进一步编辑（图2-1-101）。

图2-1-101 导出的图层

Chapter 1
Chapter 2
Chapter 3
Chapter 4
Chapter 5
Chapter 6
Chapter 7
Chapter 8
Chapter 9
Chapter 10
Chapter 11

2.2 手势操作

为了适应移动设备的操作特点，Procreate的界面较为简洁，许多常用功能在界面上并没有提供相应的按钮或命令，而是需要通过手势来实现。所以，要提高在Procreate中的工作效率，必须要熟练掌握手势操作。

（1）画布控制

用两只手指按住画布，进行移动、开合、旋转，即可实现画布的移动、缩放与旋转（图2-2-1）。

两只手指快速向中间捏合，则可以迅速将当前画布调整为屏幕大小显示（图2-2-2）。

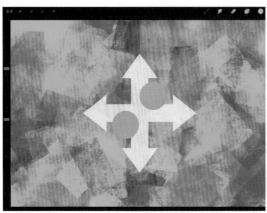

图2-2-1　两个手指移动画布

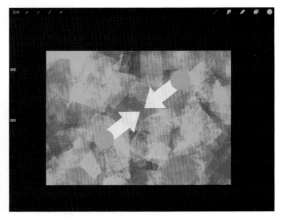

图2-2-2　缩小画布

在对所选对象（图层、选区）进行变形操作时，也可以使用类似的手势。用画笔或一个手指移动对象，两只手指放在画布上进行开合、旋转则可分别缩放、旋转对象。

（2）绘制直线

默认设置中，可以使用画笔或一个手指在画布上进行绘制。

用画笔（或手指）画完线条后，手指放在屏幕上保持不动，则可以进入直线绘制模式（quick line）。这时，移动画笔（或手指）可在笔画的起点与当前位置之间创建一条直线（图2-2-3）。

在上一步操作的基础上，将另一个手指也放在屏幕上，则可在移动画笔（或手指）时，以15°为单位对正在绘制中的直线进行旋转。这样即可绘制出水平、垂直、45°等角度的直线（图2-2-4）。

（3）取色

将画笔（或手指）放在画布上保持不动，进入取色器模式，选取当前位置颜色。

（4）撤销与重做

在数字绘图过程中，撤销与重做是极为常用的命令。

图2-2-3　直线　　　　　　　　　　　　　　　　　图2-2-4　按角度旋转直线

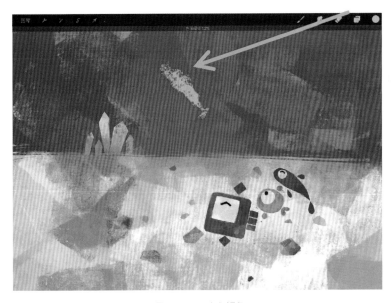

用两个手指，在画布上轻点一次，可取消上一步操作；两个手指放在画布上不动，则可连续快速撤销多步操作。

用三个手指，在画布上轻点一次，可重复上一步操作；三个手指放在画布上不动，则可连续快速重复多步操作。

（5）填色

在Procreate的界面中，并没有设置填色的按钮，所以填色的功能也是通过手势实现的。

首先，在界面右上角的取色器中选择要填充的颜色，将画笔（或手指）放在所选颜色上，然后将其拖动到需要填色的区域（图2-2-5）。

图2-2-5　填充颜色

填色功能可以运用在用线画成的封闭区域，或颜色相同、相近的色块上。

将颜色拖动到色块后，画笔（或手指）保持在屏幕上，则可进一步调整填充区域的阈值。画布上方出现的蓝色进度条会根据画笔（或手指）的左右移动增加或减少，填充颜色的范围则会相应增减（图2-2-6、图2-2-7）。

第2章　Procreate 使用基础

Chapter 1
Chapter 2
Chapter 3
Chapter 4
Chapter 5
Chapter 6
Chapter 7
Chapter 8
Chapter 9
Chapter 10
Chapter 11

图2-2-6 向右滑，增大填充范围

图2-2-7 调整填充范围

（6）图层操作

在图层面板中，用笔（或手指）轻点图层，可弹出图层命令菜单（图2-2-8）。

用笔（或手指）从右向左拖动图层，可弹出快捷操作菜单，对图层进行锁定、复制和删除操作（图2-2-9）。

图2-2-8 图层命令菜单

图2-2-9 快捷操作菜单

用两个手指在图层上从左向右滑动，可快速锁定图层Alpha通道，方便进一步绘制（图2-2-10）。

图2-2-10 快速锁定图层Alpha通道

　　图像缩略图的背景显示为网格，表示此图层已被 Alpha 锁定，再次用两个手指从左向右滑动，则可关闭 Alpha 锁定。

　　当图层面板有多于一个图层时，将两个手指放在两个或更多图层的上下两侧，向中间捏合（图2-2-11），可将所选图层合并为一个图层（图2-2-12）。

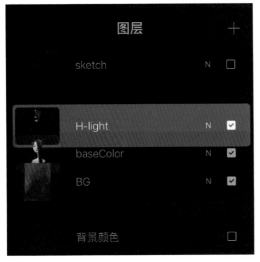

图2-2-11　捏合图层

图2-2-12　合并图层

　　Procreate 的手势功能可由用户设置，具体功能我们将在第10章讨论。

第3章
速写与素描创作

3.1 速写、素描特点分析

　　在学习绘画的过程中，素描与速写是每个初学者的必修课。素描与速写的基础，很大程度上决定了一个艺术家的绘画水平和创作能力。甚至对于一位成熟的艺术家来说，素描与速写也是平时练习和创作最常用的方式（图3-1-1、图3-1-2）。得益于iPad与Apple Pencil的便利性，结合Procreate的强大功能，创作者便可以将其变成便于携带的速写本与画板，随时随地地进行速写与素描创作。

图3-1-1　自画像/达·芬奇

图3-1-2　素描/米开朗基罗

　　素描、速写创作大多使用铅笔或炭笔在素描纸上进行。在Procreate的画笔中，绘图、木炭两个分类中的画笔，可以模拟丰富的画笔效果，并创造出画笔和纸张的肌理感。例如在图3-1-3中，通过不同的设置，实现了6B铅笔和碳棒的不同画笔效果。

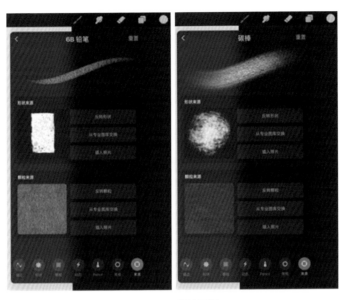

图3-1-3　画笔面板

　　绘图中的铅笔笔刷分类，可以模拟不同类型的铅笔，也可以用来绘制草图和画面中的线条；木炭分类中的笔刷，则模拟了不同肌理的炭笔、炭条，便于用来进行画面体面关系的塑造、大面积渲染、画面质感的塑造（图3-1-4）。

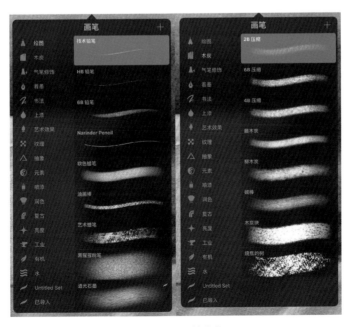

图3-1-4　画笔分类

Chapter 1
Chapter 2
Chapter 3
Chapter 4
Chapter 5
Chapter 6
Chapter 7
Chapter 8
Chapter 9
Chapter 10
Chapter 11

3.2 几何体素描

3.2.1 绘前分析

开始绘画前，对绘制对象进行分析，可以提高创作效率和作品水平，因而这是创作中非常必要的步骤。

本例中的石膏几何体造型很简单，造型以直线为主，是学习绘画的基础课。在绘制过程中要利用Procreate绘制直线的方法，灵活运用，从而减少"起形"的时间。

Procreate提供了多种不同的铅笔、炭笔效果的画笔，要根据需要进行选择。画笔的选择没有一定之规，可以多做尝试后进行选择，发展出自己的绘画风格。

在本章节中，我们将使用两种基本笔刷，配合涂抹等工具，绘制一张基础几何体素描作品。

3.2.2 绘制几何体素描

（1）新建画布

打开Procreate，新建一张A4尺寸的画布（图3-2-1）。打开画布后，用两个手指在画布上旋转，将其旋转为一张横向画布（图3-2-2）。

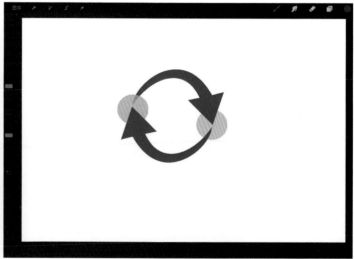

图3-2-1 新建画布　　　　　　　　　　　　图3-2-2 旋转画布

（2）绘制草图

选择2B铅笔，在画布上绘制草图（图3-2-3）。

在绘制几何体的形状时，常常要各种直线辅助线来确定几何体的比例、位置、造型等。在Procreate中，可在画完线条后保持画笔不离开屏幕，则可在起点和终点之间创建一条直线，通过这种方法可以快速地建立所需的辅助线。

（3）确定位置、造型

① 绘制中，利用选取、移动工具调整集合体的位置、大小关系（图3-2-4～图3-2-6）。

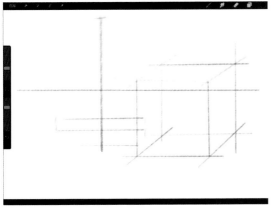

图3-2-3　使用直线绘制草图　　　　　　　　　　　图3-2-4　选择圆锥

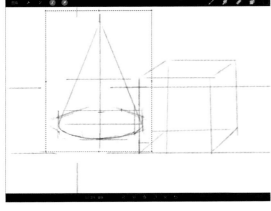

图3-2-5　移动圆锥　　　　　　　　　　　图3-2-6　调整位置

② 使用6B铅笔，或2B压缩、4B压缩画笔进一步确定几何体的造型。注意画面构图，几何体作为画面的主体，不能太大也不能太小，在四周保留一定空间。如需要，可使用选择和变换工具不断调整（图3-2-7）。

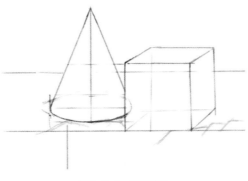

图3-2-7　绘制造型

Chapter 1

Chapter 2

Chapter 3

Chapter 4

Chapter 5

Chapter 6

Chapter 7

Chapter 8

Chapter 9

Chapter 10

Chapter 11

（4）确定明暗关系

① 确定造型后，选择合适的笔刷（如藤木炭、柳木炭、碳棒、木炭块等）进行整体明暗关系的渲染。在绘制明暗关系时，先新建一个图层，并将其置于草图层下方（图3-2-8），以保证绘制的灵活性。

② 默认情况下，将笔刷的尺寸调整到最大时，其笔画效果如图3-2-9所示（此处以柳木炭为例）。如果想快速渲染大面积明暗，则需要更大的画笔。

图3-2-8　调整图层

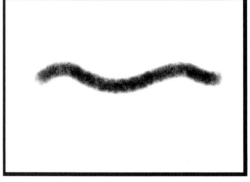

图3-2-9　柳木炭效果

③ 选择柳木炭笔刷后，再次点击柳木炭笔刷图标，进入笔刷的设定菜单，在"常规-尺寸限制-最大"选项中，将滑杆向右拖，即可进一步放大画笔的尺寸（图3-2-10）。

将画笔调整到较大的尺寸后可以更为快捷地铺陈素描调子。在绘制中，可将尺寸限制调整为最大值，来为画面整体增加素描调子（图3-2-11）；当绘制局部时，则可将尺寸限制降低。

图3-2-10　木炭条设定菜单

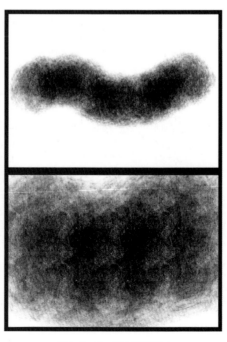

图3-2-11　加大笔刷尺寸

④ 配合画笔的压感功能，以及调整画笔的不透明度（界面左侧下方的滑杆），来逐渐加深调子的明暗关系（图3-2-12）。

⑤ 除了压力感应之外，Procreate还支持Apple Pencil的倾斜度感应，可以根据Apple Pencil与屏幕之间的倾斜程度，模拟画笔笔尖以不同角度进行绘制的效果。图3-2-13是2B压缩、HB、6B画笔在Apple Pencil以不同角度画出的线条。

图3-2-12 画笔透明度　　　　　　　　　　　　　图3-2-13 不同画笔的倾斜效果

在需要时，可通过倾斜Apple Pencil，使用铅笔的侧锋进行画面明暗关系和素描调子的绘画。

⑥ 若要擦除或减弱画面中的调子，可使用橡皮工具。橡皮工具的使用方法与画笔相同，可在橡皮菜单中，选择与画笔一样的笔刷（铅笔、木炭）（图3-2-14），从而保持画面的肌理和质感（图3-2-15）。

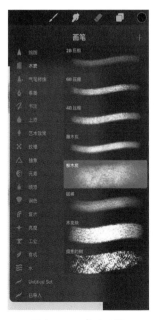

图3-2-14 橡皮选择　　　　　　　　　　　　　图3-2-15 使用橡皮擦出画面的亮部

（5）进一步刻画

选择较细的笔刷，对画面的细节进行进一步的刻画，并画出类似于传统素描作品中调子的"排线"画法。

隐藏草图图层，查看最终画面效果（图3-2-16）。

（6）画面处理

在传统的素描绘画中，经常利用布、纸等工具，对画面的某些区域进行擦、抹等处理，来实现"虚化"的效果。在Procreate中，可以利用涂抹工具进行这样的操作（图3-2-17）。

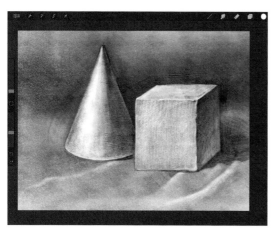

图3-2-16　画面效果

图3-2-17　涂抹工具效果

选择界面右上角画笔工具旁边的涂抹工具，选择与画笔一样的铅笔或炭笔笔刷（图3-2-18），通过使用不同的画笔尺寸、透明度、压感或角度，对画面进行进一步处理（图3-2-19）。

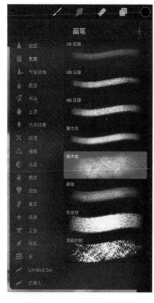

图3-2-18　选择涂抹笔刷

图3-2-19　涂抹部分阴影

通过使用涂抹工具，可以将阴影部分的调子涂抹得更加均匀。同时，将描绘对象靠后的部分处理得更加虚化，靠前的部分保持清晰，进一步加强作品的空间感和体积感。

绘画过程不是简单的线性过程，在绘制中经常要在不同的工具之间切换，对画面进行逐步的深入、调整。

3.3　人体速写

3.3.1　绘前分析

速写是一种在较短时间内，快速描绘对象的写生方法。对于一名专业的艺术家、美术工作者来说，速写是最为重要的基础能力之一，其重要性是不可替代的。速写不但可以作为创作作品前期积累素材和灵感的方法，同时也可以作为一种独立的艺术形式，表现创作者的艺术水平和思想。尤其是人体速写练习，更是决定了一位艺术家能否准确、扎实地表现人物，并在此基础上进一步创作具有自己风格的作品。

本节中，我们将利用Procreate的铅笔、炭笔，进行人体速写的创作。

3.3.2　绘制人体速写

（1）确定构图及比例

使用6B画笔，画出大体的比例和构图（图3-3-1）。

（2）绘制线稿

降低草图层的透明度，新建一个图层，置于草图层之上，进行速写线稿的绘制（图3-3-2）。

图3-3-1　使用6B画笔画出草图

图3-3-2　画出造型

Procreate 所提供的画笔非常多样，可以尝试使用不同的画笔来绘制，寻找适合自己风格的画笔（图3-3-3～图3-3-6）。

图3-3-3 "书法笔-条纹"的绘画效果   图3-3-4 "上漆-方位"的绘画效果

图3-3-5 "艺术效果-水彩"的绘画效果   图3-3-6 "元素-火焰"的绘画效果

（3）绘制调子

新建一个图层，置于线稿层之上。继续使用6B画笔，倾斜Apple Pencil，使用侧锋绘画，给画面增加简单的调子效果（图3-3-7）。

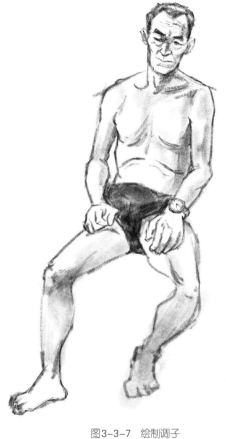

图3-3-7 绘制调子

（4）刻画细节

　　每种笔刷的特点不同，即使将"6B"画笔的尺寸调为1%，其线条也相对较粗，很难对画面进行深入刻画。所以，可尝试使用其他画笔，比如选择"HB"或"技术铅笔"笔刷，减小画笔的尺寸，对画面的局部进行刻画（图3-3-8）。

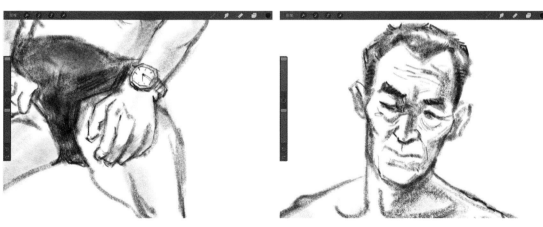

图3-3-8 画面局部

Chapter 1

Chapter 2

Chapter 3

Chapter 4

Chapter 5

Chapter 6

Chapter 7

Chapter 8

Chapter 9

Chapter 10

Chapter 11

至此，已基本完成作品的绘制（图3-3-9）。

（5）画面处理

观察作品，发现作品缺乏纸上绘画中常使用的"虚实结合"的效果。可以通过使用涂抹工具对画面进行涂抹，将部分画面进行"虚化""弱化"处理（图3-3-10）。

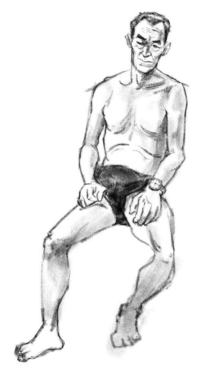

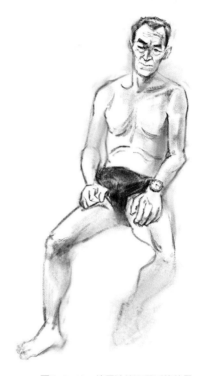

图3-3-9　基本完成作品　　　　　　　　　　图3-3-10　使用涂抹工具后的效果

由于是在短时间内进行的速写作品，所以在此并未对细节进行过多刻画。

第4章

动漫角色设定与绘制

在动画、漫画、插画等数字艺术、设计的各个工作领域，角色设定是最为常见、最为重要的制作流程之一。设计师要不断修改草稿，并在草稿的基础上绘制出完成的三视图或四视图（Model Sheet）（图4-0-1、图4-0-2）。

图4-0-1　海豹形象设计三视图

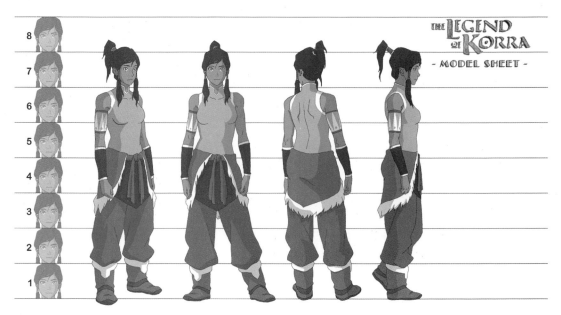

图4-0-2　动画《The Legend of Korra》角色四视图

　　近几年，越来越多的艺术家开始使用iPad和Apple Pencil来代替以前的拷贝台（图4-0-3）或手绘板进行角色设计的绘制工作。

图4-0-3　拷贝台

　　在本章中，我们将使用Procreate绘制一个动漫人物设定的三视图。

4.1　角色背景设定

　　形象设计的第一步，不应该是直接进行绘制，而是进行角色的分析和背景设定，从而在设计方案中更准确地表现角色的内在和外在特征；同时，还要进行前期设计的调研工作，如搜集各种参考资料、确定设计方案等。

所以在本例中，我们将首先进行简单的角色背景设定。

角色描述：女孩儿的年龄在4、5岁之间，开朗可爱；爱好舞蹈和滑冰，所以体态很好，站姿挺拔；喜欢小猪佩奇等可爱的卡通人物；头上高高地扎着两个小辫子，可突出她活泼好动的性格；身穿碎花小裙子，带着一个红色、有穗子的项链。

除了文字上的角色描述之外，我们还需要收集一定的参考素材，如相似的角色设计、所需的造型元素，等等（图4-1-1）。

图4-1-1 参考素材

通过调研工作，设计师可以针对角色形成更加具体、深入的设计思路。真实生活中的照片，可以提供真实的灵感和素材，例如动作特点、面貌特征、服饰的设计风格等；而参考其他作品中相似的设计，则可以为设计师提供更多样的设计思路，例如夸张造型的方法或对原始素材的取舍等。

4.2 角色绘制

在完成初步的角色背景设定和参考资料的收集之后，开始绘制草图。注意，在绘制三视图的过程中，有很多重复使用的造型元素，如正视图与背视图的外轮廓基本相同，可以使用复制、粘贴功能来避免重复绘制。

（1）绘制正面草图

新建A4尺寸的画布，将其旋转为横向。选择铅笔或炭笔，绘制正面草图（图4-2-1）。根据角色描述，4、5岁孩子的身高比例可设定为3～4头身。

图4-2-1　角色草图

绘制草图时，尽量将角色左侧半边（或右侧）画准确，方便之后以此为基础复制出对称的另一边。

（2）绘制比例参考线

根据正面的比例草图，绘制比例参考线，为绘制侧视图和背视图提供较为精确的参考（图4-2-2）。

图4-2-2　比例参考线

① 绘制参考线时，可先新建一个图层，在此图层绘制一条横向直线（画笔在线条结尾处按住不动，可绘制直线），如图4-2-3所示。

图4-2-3　直线层

② 选择直线图层，点击左上角"操作-拷贝"（图4-2-4）。

③ 点击左上角"操作-粘贴"（图4-2-5），在相同位置复制一条新的直线，但新的直线位于一个新的图层（图4-2-6）。

图4-2-4　拷贝图层

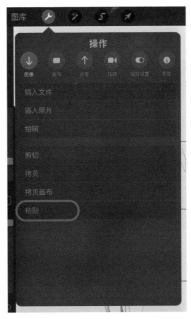

图4-2-5　粘贴图层

Chapter 1
Chapter 2
Chapter 3
Chapter 4
Chapter 5
Chapter 6
Chapter 7
Chapter 8
Chapter 9
Chapter 10
Chapter 11

④ 使用变形工具，调整直线的位置（图4-2-7）。

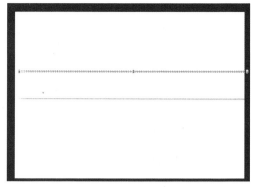

图4-2-6　复制产生的图层　　　　　　　　　　　　图4-2-7　调整直线

⑤ 重复以上步骤，绘制更多直线（图4-2-8）。

图4-2-8　复制多个直线

每条直线都在独立的图层上。若想将所有直线合并为一个图层，用两个手指放在所有图层的最上面和最下面的图层上，向中间捏合即可（图4-2-9）。

图4-2-9　合并直线层

在绘制时，要尽量让三个视图的人物保持相同的比例。

（3）绘制侧视图

根据参考线所标示的比例位置，绘制出角色的侧视图（图4-2-10）。

（4）绘制正视图

使用选择工具选择角色正面视图的左侧（图4-2-11）。

图4-2-10　侧视图

图4-2-11　选择角色正视图

选择"操作-拷贝"，再选择"操作-粘贴""变换工具-水平镜像（图4-2-12）"，制作出完全对称的角色正面图（图4-2-13）。

图4-2-12　水平镜像

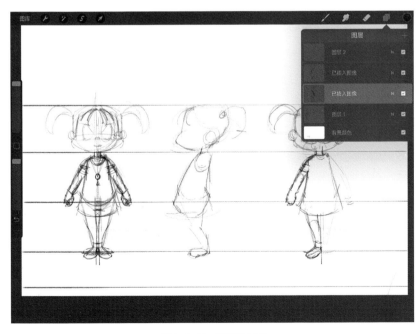

图4-2-13　制作正面图

第4章　动漫角色设定与绘制

Chapter 1
Chapter 2
Chapter 3
Chapter 4
Chapter 5
Chapter 6
Chapter 7
Chapter 8
Chapter 9
Chapter 10
Chapter 11

粘贴后可使用调整工具进一步调整位置，使两侧位置完全对称。

（5）绘制背视图

因为角色的背视图与正视图的外形基本完全一致，所以可以在正视图的基础上绘制背视图。选择正视图层，复制后用移动工具，将其放在画布的右侧（图4-2-14）。

图4-2-14　复制正视图

用橡皮工具擦除内部，保留外轮廓线（图4-2-15）。根据其轮廓线和参考线，画出角色的背视图（图4-2-16）。

图4-2-15　外轮廓线

图4-2-16　背视图

（6）绘制细节

合并所有草稿图层，逐步完成草图中细节的绘制，同时画上缺失的部分（图4-2-17）。

图4-2-17 完成草图

（7）绘制正式线稿

降低草图层的透明度，新建线稿层（图4-2-18），使用颜色较深的铅笔在新建立的线稿层上画出正式的线稿（图4-2-19）。

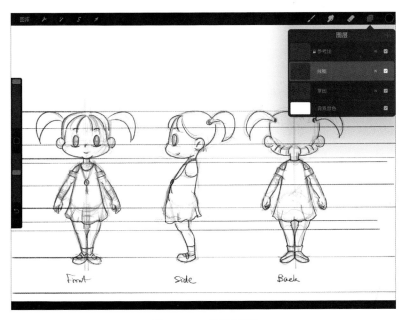

图4-2-18 新建线稿层

图4-2-19　线稿

（8）上色

① 新建图层作为颜色层（图4-2-20），重命名图层名为"颜色"，并将其置于"线稿"层下方，关闭"草图"层。

② 在颜色层为角色上色。选择"画笔-气笔修饰-硬气笔"（图4-2-21）。

图4-2-20　新建颜色层

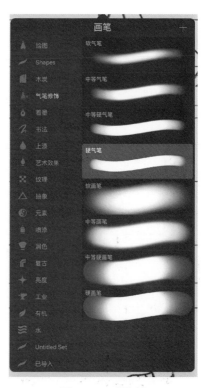

图4-2-21　硬气笔

选择连衣裙的颜色（蓝色），先描出所需涂色的区域的外轮廓，确保其封闭没有缺口（图4-2-22）。

图4-2-22　涂色区域外轮廓

拖动右上角的颜色图标，到刚画的轮廓线内部（图4-2-23），填充裙子的颜色。

图4-2-23　填充裙子颜色

Chapter 1
Chapter 2
Chapter 3
Chapter 4
Chapter 5
Chapter 6
Chapter 7
Chapter 8
Chapter 9
Chapter 10
Chapter 11

③ 使用上一步的方法，为角色全身上色（图4-2-24）。

图4-2-24　全身上色

④ 用两个手指在颜色层上从左向右滑，打开图层的Alpha锁定（图4-2-25）（相关内容请参考第2章2.1.4的内容）。**打开Alpha锁定后，图层缩略图中的背景显示为网格图案。**

⑤ 绘制女孩儿的脸蛋等颜色。选择"画笔-气笔修饰-软气笔"，用一个较浅、较亮的粉红色进行绘制（图4-2-26、图4-2-27）。

图4-2-25　打开图层的Alpha锁定

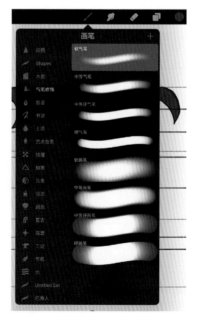

图4-2-26　软气笔

图4-2-27 皮肤颜色

⑥ 新建一个图层，置于颜色层之上，将其重命名为"阴影"（图4-2-28），将图层的叠加模式改为"颜色加深"（图4-2-29）。

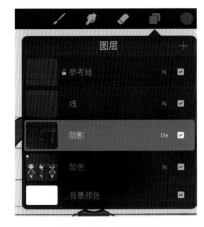

图4-2-28 新建阴影层

图4-2-29 "颜色加深"模式

在"阴影"层上绘制头发、裙子、鞋、眼睛等处的阴影（图4-2-30）。

图4-2-30 绘制阴影

Chapter
1

Chapter
2

Chapter
3

Chapter
4

Chapter
5

Chapter
6

Chapter
7

Chapter
8

Chapter
9

Chapter
10

Chapter
11

⑦ 新建图层，置于"阴影"层与"颜色"层之间，重命名为"装饰"（图4-2-31）。
选择"画笔-复古-弧度"，来绘制女孩儿裙子上的碎花图案（图4-2-32）。

图4-2-31　新建图层　　　　　　　　图4-2-32　选择"弧度"

画笔的多个分类中（如"复古""纹理""亮度"），提供了多种不同的图案、花纹、纹理画笔，用户可根据自己的设计需要选择画笔，或者通过素材来创建自定义画笔（将在本书第8章8.3介绍）。

进一步绘制裙子图案、项链、头绳等元素（图4-2-33）。

图4-2-33　装饰元素

（9）导出图像

点击"操作－共享－JPEG"（图4-2-34），选择"存储图像"，将图像存储到系统相册（图4-2-35）。

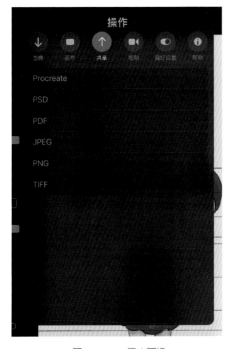

图4-2-34 导出图像

图4-2-35 选择存储方式

第5章

清新水彩风格儿童插画创作

Procreate内置了风格各异的画笔,通过使用这些画笔可以模拟多种绘画风格。在本章当中,将利用铅笔与水彩画笔来创作模拟水彩风格的儿童主题插画。

5.1 水彩与Procreate

5.1.1 传统水彩画简介

传统的纸上水彩画是将颜料和水调和在一起,通过对水的使用和控制来实现独特的画面效

图5-1-1 Andy Evansen水彩作品

图5-1-2 Pethany Cannon水彩作品

果的画种。由于水彩颜料具有透明的特性，所以与其他颜料相比，其颜色之间更易于融合和相互叠加；另外，由于水的大量运用，水彩画的画面效果具有一定的随机性和不可预见性，并由此创造出独特的意境（图5-1-1、图5-1-2）。

得益于水彩画独特的视觉特性，艺术家运用水彩创作了风格多样的插画作品。水彩画清新亮丽的颜色、灵活多变的笔触尤其适合用来创作儿童题材的插画作品（图5-1-3、图5-1-4）。

图5-1-3　水彩儿童插画（1）

图5-1-4　水彩儿童插画（2）

5.1.2　Procreate水彩画笔解析

在前面的章节中，已经接触过部分铅笔风格的画笔，可以用来绘制插画中的铅笔或彩色铅笔的线条。而在画笔的"艺术效果"与"水"两个分类当中，则集中了几个用来模拟水彩、油画等传统风格的画笔（图5-1-5）。

"艺术效果"中的"水彩"画笔，在模拟画笔质感的同时，还使用了透明效果，可以用来模拟水彩颜色的层层叠加（图5-1-6）。

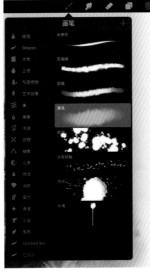
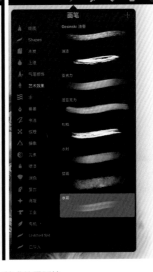

图5-1-5　艺术效果画笔

"水"中的"水渗流"画笔，可以模拟在水量较多的不同颜色之间相互涂抹、渗透的效果（图5-1-7）。

图5-1-6 "水彩"画笔　　　　　　　　　　图5-1-7 "水渗流"画笔

"水"中的"湿海绵"画笔，其画笔边缘呈不规则形状，且有涂抹感（图5-1-8）。

"水"中的"清洗"画笔，模拟了画笔中有大量水分时，其颜色所呈现的"晕染"效果，以及颜色之间的叠加（图5-1-9）。

图5-1-8 "湿海绵"画笔　　　　　　　　　　图5-1-9 "清洗"画笔

"水"中的"疯溅""水笔轻触""污点"画笔，则可以用来模拟将颜料"洒""溅"在画面上的技巧，制造随机效果（图5-1-10）。

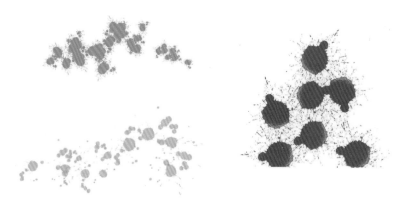

图5-1-10 "疯溅""水笔轻触""污点"画笔

Procreate提供的画笔多种多样，使用上不拘一格，将不同的画笔相结合使用，可创作出类似于传统水彩却又具有独特风格的画面效果。

5.2 用Procreate绘制水彩风格插画

5.2.1 绘前分析

水彩风格画面的实现，依赖于色彩的搭配和笔触的运用，在开始绘制前可多参考一些水彩画作品，并理解其创作方法。

本例中的人物以"圆形"作为基本的造型元素，突出儿童身体造型可爱的特点。

在色彩上应选择较"亮"的颜色，并可将多个相近色、同类色混合运用，以避免颜色过于均匀。在笔触的选择上，可参考真实水彩画的绘制笔法，用"清洗""水深流"等画笔来模拟水量较多的画笔效果，用"水粉""油墨"等画笔来模拟干画法效果。

5.2.2 绘制水彩风格插画

（1）新建画布

新建A4大小的画布，并用铅笔画出草图（图5-2-1）。

儿童主题插画的造型一般都圆润、可爱，所以在起草时可以使用圆形为基本形状，来概括身体的各个部分。

图5-2-1 草图

（2）绘制草图

在草图阶段，要考虑到整个画面的构图安排、层次以及人物的动态。得益于数字绘画的便利性，在调整画面时可以使用选区和自由变换工具，选择需要调整的部分后，进行大小、角度、位置的调整（图5-2-2～图5-2-5）。

第5章 清新水彩风格儿童插画创作

Chapter 1
Chapter 2
Chapter 3
Chapter 4
Chapter 5
Chapter 6
Chapter 7
Chapter 8
Chapter 9
Chapter 10
Chapter 11

图5-2-2　选择右手

图5-2-3　变换右手

图5-2-4 重新绘制右手

图5-2-5 完成草图

Chapter
1

Chapter
2

Chapter
3

Chapter
4

Chapter
5

Chapter
6

Chapter
7

Chapter
8

Chapter
9

Chapter
10

Chapter
11

（3）绘制人物和背景线稿

① 将草图层的透明度降低（图5-2-6）。

图5-2-6　降低透明度

② 新建两个图层，分别命名为"人物线"和"背景线"（图5-2-7）。

图5-2-7　新建图层

③ 选择"画笔-木炭-6B压缩",在"人物线"上描出人物的线稿(图5-2-8)。

图5-2-8 描出人物的线稿

面部采用圆形造型,更能够突出角色天真可爱的特点(图5-2-9)。

图5-2-9 面部线稿

为了使角色具有更强的"卡通感",在绘制手部时采取了只画了四个手指的画法(图5-2-10),这种画法在很多动画、漫画中都很常见。图5-2-11为动画《辛普森一家》中的人物造型。

图5-2-10 手部线稿

图5-2-11 《辛普森一家》人物造型

④ 在"背景线"上描出背景中的植物和蝴蝶(图5-2-12)。

图5-2-12 植物和蝴蝶线稿

画面左侧的蝴蝶造型较为简单;绘制右侧蝴蝶时,要注意区分蝴蝶两侧翅膀的层次(图5-2-13)。

图5-2-13 蝴蝶线稿

将人物和背景分层绘制，为后期调整、修改保留足够的可能性。

⑤ 关闭"草图"层，查看线稿完整效果（图5-2-14）。

图5-2-14 完成线稿

（4）背景上色

新建图层，命名为"背景颜色"，置于"背景线"层之下，在这一层铺设画面的底色。

使用画笔中"水-清洗"，将画笔调为最大尺寸，使用较浅、较亮的颜色绘制底色（图5-2-15）。

第5章　清新水彩风格儿童插画创作

Chapter 1
Chapter 2
Chapter 3
Chapter 4
Chapter 5
Chapter 6
Chapter 7
Chapter 8
Chapter 9
Chapter 10
Chapter 11

图5-2-15　铺设画面底色

　　背景以绿色系、蓝色系为主，辅以部分黄色，将这些颜色融合在一起，形成画面的主要色调。同时，由于画笔本身的形状，所以也实现了颜料润染的效果。

　　"清洗"画笔的混合模式默认设定为"乘"模式，所以在涂抹时颜色会越来越重（图5-2-16）。

图5-2-16　"乘"模式画笔叠加

　　如果想对某区域重新上色，需在选择"清洗"画笔后，再次点击"清洗"画笔图标打开设置菜单（图5-2-17），选择"常规-画笔行为-混合模式"，在弹出的菜单中，选择"正常"（图5-2-18）。

图5-2-17　画笔设置菜单

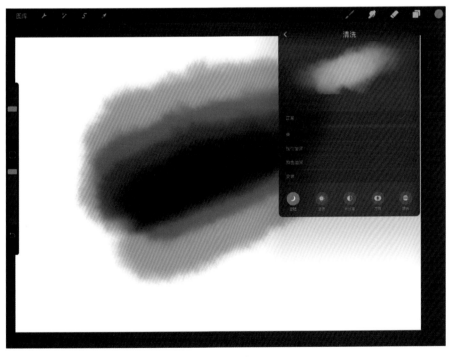

图5-2-18　画笔混合模式

Chapter 1

Chapter 2

Chapter 3

Chapter 4

Chapter 5

Chapter 6

Chapter 7

Chapter 8

Chapter 9

Chapter 10

Chapter 11

再次尝试上色，笔触颜色不再逐次加深（图5-2-19）。

图5-2-19 "正常"模式下的画笔叠加

使用前文提到过的"疯溅"和"水笔轻触"画笔，为画面添加水彩颜料"洒"在画面上的效果，使画面更有层次感（图5-2-20）。

图5-2-20 添加水彩效果

（5）绘制地面

为了突出地面与画面其他部分肌理的区别，地面综合使用了画笔、涂抹等技法进行绘制，下面以一个独立的例子进行示范、练习。

小练习

① 选择"元素–云"画笔，使用红、褐色、深棕等颜色铺设地面颜色。按照圆形轨迹涂画，以突出出土地、泥土结块的形态特征（图5-2-21）。交替使用不同颜色，使其融合、叠加在一起。

② 选择"涂抹"工具，在弹出的菜单中选择一个颗粒感强的画笔，如"艺术效果–Gesinski油墨"画笔（图5-2-22）。

图5-2-21 地面颜色　　　　　　　　　　　图5-2-22 Gesinski油墨画笔

③ 使用涂抹工具，在画好的色块上纵向涂抹，使颜色在进一步融合的同时，画出不同的造型和虚实（图5-2-23）。

④ 在涂抹工具的菜单中，选择"艺术效果–油漆"，并将画笔尺寸设定到5%左右（图5-2-24）。

图5-2-23 涂抹色块　　　　　　　　　　　图5-2-24 选择涂抹画笔

⑤ 用涂抹工具在色块上按照草丛生长的形态涂抹，上方从色块内部向外涂抹，将色块内部的颜色涂抹出草丛；下方则从色块外部向内部涂抹，将外部的颜色涂抹到色块内部，形成前景的草丛。两种方式交替使用，使不同层次的草丛穿插在一起（图5-2-25）。

图5-2-25 草丛

⑥ 在涂抹工具中，重新选择较大的画笔继续涂抹，统一草丛的层次关系。涂抹时，可采取不同的运笔方向，将后面的草丛"虚化"处理（图5-2-26）。

图5-2-26 虚化处理

使用上面小练习中介绍的方法，画出图中地面的部分。

① 大概画出地面的位置（图5-2-27）。

图5-2-27　画出地面色块

② 添加一些深色的色块，画出大概的体积感（图5-2-28）。

图5-2-28　画出地面重色

③ 使用涂抹工具画出草丛的形态（图5-2-29）。

图5-2-29　画出草丛

画出更多草丛细节，并使用较大的画笔进一步区分出草丛的层次（图5-2-30）。

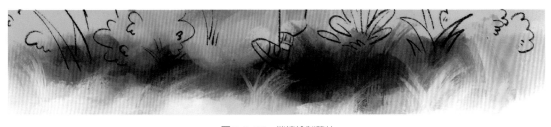

图5-2-30　继续绘制草丛

（6）人物上色

① 新建图层，重命名为"人物颜色"。选择"艺术效果"中的"水彩"或"水粉"画笔，为人物上色（图5-2-31、图5-2-32）。

第5章　清新水彩风格儿童插画创作

Chapter 1
Chapter 2
Chapter 3
Chapter 4
Chapter 5
Chapter 6
Chapter 7
Chapter 8
Chapter 9
Chapter 10
Chapter 11

图5-2-31　为人物上色

图5-2-32　绘制全身

② 头发刘海、高光以及面部等细节可用"水"中的"水渗流"画笔进行绘制（图5-2-33）。

图5-2-33　绘制细节

③ 使用较冷的颜色绘制女孩的暗部，如辫子、后面的腿等部分（图5-2-34）。

图5-2-34　辫子、腿部细节

（7）植物上色

新建图层，命名为"植物颜色"，置于"背景线"层之下。在这一层绘制背景中植物和蝴蝶的颜色（图5-2-35）。

Chapter 1
Chapter 2
Chapter 3
Chapter 4
Chapter 5
Chapter 6
Chapter 7
Chapter 8
Chapter 9
Chapter 10
Chapter 11

图5-2-35 绘制植物

　　由于背景中的植物大都采用了绿色调，所以在上色时要注意将其分组。用不同深浅、冷暖的绿系颜色区分不同组的植物。较远的植物可用冷一些、偏蓝一些的颜色，近处的植物可加入暖一些的绿色，甚至偏黄色调的绿色。

　　将人物身后的颜色画得深一些、简略一些，以突出人物的主体性（图5-2-36）。

图5-2-36 绘制背景

（8）绘制植物细节

① 在"植物颜色"层之上新建图层，命名为"植物细节"。在这一层上继续绘制植物的细节，如树丛的细节、叶脉等，并加入一些暖色的植物（图5-2-37）。

图5-2-37　绘制植物细节

② 绘制蝴蝶。在背景之上新建图层，命名为"蝴蝶"，画出蝴蝶的颜色（图5-2-38）。另一只蝴蝶翅膀上的图案比较复杂，需先在蝴蝶层画出翅膀的底色（图5-2-39）。

图5-2-38　绘制蝴蝶

图5-2-39　翅膀底色

③ 在"蝴蝶"层之上再建新图层，命名为"蝴蝶图案"。暂时不考虑蝴蝶翅膀上图案的形状，在这一层上先画出图案的颜色，使用较亮的黄色，来与底色进行区分（图5-2-40）。

④ 在"蝴蝶图案"层上点击，在弹出的菜单中选择"蒙版"，为本图层建立蒙版。在蒙版上用黑白两色画出蝴蝶的图案（图5-2-41、图5-2-42）。

图5-2-40　翅膀图案颜色

图5-2-41　添加图案蒙版

图5-2-42　在蒙版层绘制翅膀图案

⑤ 新创建的蒙版默认为白色，所以需要先在取色器中选择黑色，然后画出图案的形状。

蒙版中为黑色的区域，图层中相应的区域为透明；蒙版中为白色的区域，图层中相应的区域为不透明。

（9）调整线稿

由于人物和背景的线都是黑色，因而在画面中比较突出，可以通过调整图层透明度和叠加方式来使其与颜色相融合（图5-2-43、图5-2-44）。

图5-2-43　修改线稿层透明度

图5-2-44　修改透明度后的效果

通过调整线稿图层的透明度和叠加模式的方法虽然可以在视觉上降低线的强度，但是却不能调整线的颜色。所以，也可以通过线稿建立选区并重新上色的方法，创建新的彩色线稿。

① 点击"人物线"层，在弹出菜单中点击"选择"（图5-2-45），生成以人物线稿为范围的选区（图5-2-46）。

图5-2-45　以线稿为基础生成选区

图5-2-46　生成选区

　　② 新建图层，命名为"彩色线人物"。在生成的选区中，使用几种不同的、较深的颜色为
线稿涂色，得到彩色的线稿层（图5-2-47）。

　　③ 使用与上一步相同的方法，创建彩色的背景线稿层（图5-2-48）。

图5-2-47　绘制彩色人物线稿　　　　　　　　　　图5-2-48　绘制彩色背景线稿

（10）导出作品

打开其他图层，对画面进行所需调整后导出作品（图
5-2-49）。完成稿如图5-2-50所示。

图5-2-49　导出作品

Chapter
1

Chapter
2

Chapter
3

Chapter
4

Chapter
5

Chapter
6

Chapter
7

Chapter
8

Chapter
9

Chapter
10

Chapter
11

图5-2-50　完成作品

第6章

唯美风格插画创作

在本章中，我们将以照片为创作素材和参考，创作一幅女性题材的唯美风格插画。

6.1 素材收集

对于大多数艺术家来说，来源于生活的灵感可以为创作带来生机和激情。所以，创作的第一步，常常是参考素材的收集。参考素材可以选择能够打动自己的表现对象，比如生活中的亲朋好友，路边遇到的有趣的人，或者是网上、书上的素材，都可以用来作为自己的参考或素材。

图6-1-1 ~图6-1-3为背影系列插画，灵感来源于作者在路边、商场等地，偶然看到的有鲜明特点的女孩背影。作品是以此为基础进行夸张、概括等处理所创作的。

图6-1-1 背影之一

图6-1-2 背影之二

图6-1-3 背影之三

在素材收集阶段，应尽量搜集能够多方面、多角度表现对象的照片来作为参考，以便在创作时对其造型进行取舍。图6-1-4是为本章的作品所搜集的照片素材，在此只展示其中的两张（图6-1-4）。

图6-1-4　参考照片

通过上图的照片，可以先预想作品的画面效果。如画面可用绿色为整体的色彩倾向，并配合一定的红色来突出角色的主体性；地上有斑驳的树荫，使画面的疏密节奏产生丰富的变化；角色的身体造型有较强的曲线感，姿势挺拔。

综上所述，本作品力图通过色调、角色姿势等各种元素的配合，表现在一个阳光明媚的早晨，一个心情快乐的女孩儿在外散步的场景。

6.2　用Procreate绘制唯美风格插画

6.2.1　绘前分析

本例对参考照片中的人物造型进行了一定的简化和夸张，以突出其女性的柔美，加强画面的美感，同时强化了身体左侧的直线与右侧的背、腰、臀部所形成的曲线的对比。

作品以装饰性较强的色块为主要表现形式，为了方便绘制和后期调整画面，使用了较多图层来分离人物和画面的不同部分，并大量运用了图层的"Alpha锁定"功能。

6.2.2　绘制唯美风格插画

完成了的素材搜集，并对人物和画面有一定的理解和规划后，就可以开始插画的创作了。

（1）绘制草图

① 新建一个A4大小的画布，以照片中角色的动作为参考，绘制草图。

② 用铅笔画出人物的比例和动态。为了体现人物快乐的情绪，可将其身体的曲线按照一条较为弯曲和挺拔的曲线进行绘制（图6-2-1）。

③ 逐步确定草图的造型和细节。

在草图绘制过程中，除了不断增加细节之外，也可以使用选择、变换工具对人物的造型不断地进行调整，如将上身向后旋转以体现角色"挺胸"的感觉（图6-2-2）。

同时，为了增强画面的节奏和稳定感，将一些造型进行概括、省略，形成统一的曲线和直线（图6-2-3）。

图6-2-1　动态线

图6-2-2　草图

图6-2-3　概括造型

（2）绘制线稿，确定造型

① 降低图层1的透明度到17%，然后新建图层2（图6-2-4）。

② 在图层2上用6B铅笔进一步描出线稿（图6-2-5、图6-2-6）。

图6-2-4　降低草图图层透明度

图6-2-5　头部线稿

图6-2-6　身体线稿

③ 使用选择工具和变形工具，对线稿进行进一步调整。

选择脖子以下身体的部分，向左旋转（图6-2-7、图6-2-8）。

图6-2-7　选择身体

图6-2-8　调整角度

选择腰部以下的部分，向右旋转（图6-2-9、图6-2-10）。

图6-2-9 选择身体下部

图6-2-10 调整角度

④ 确定最终的造型，选择"画笔-绘图-HB铅笔"，对调整后的线稿进行细化（图6-2-11）。

（3）上色

① 新建图层，重命名为"色调"（图6-2-12）。

② 选择"画笔-上漆-Nikko Rull"（图6-2-13）。

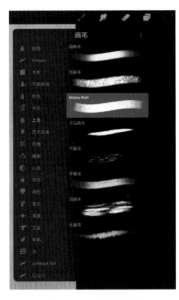

图6-2-11　完成线稿　　　　　　　图6-2-12　新建色调层　　　　　　　图6-2-13　选择画笔

在英文版Procreate中，"上漆"分类的原名字为"painting"，是颜料绘画的意思。所以在此分类中的画笔并非是字面上的"上漆"效果，而是用以模拟颜料绘画中的各种画笔。

③ 在"色调"层上画出大概的颜色，确定色调。人物使用红色、橙色、紫色等暖色；背景选用饱和度较低的绿色系，以拉开背景和前景中人物的层次（图6-2-14）。

④ 新建图层，重命名为"skirt"，并将其置于草图层下面（图6-2-15）。

图6-2-14　绘制整体色调　　　　　　　　图6-2-15　新建"skirt"层

⑤ 仍然使用"Nikko Rull"画笔，在"skirt"层画出裙子的颜色。

当画布较大，而画笔的尺寸太小时，如果想快速画出大面积的颜色，可以将画笔属性打开，调大尺寸限制的最大值（图6-2-16），使笔刷更大、肌理更加清晰明显。

暂时不用考虑图色范围，只要保证裙子都被涂上相应的颜色即可（图6-2-17）。

裙子以红色和桃红色为主要色调。在胸部、臀部使用了一些较暖、较亮的颜色，如橙色；在腰部、后背加入较冷、较深的紫色。

⑥ 为"skirt"层创建"蒙版"（图6-2-18）。

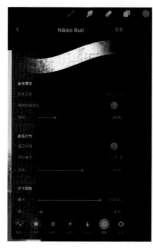

图6-2-16　增大笔刷　　　　图6-2-17　绘制裙子色调　　　　图6-2-18　为"skirt"层创建蒙版

一个名为"图层蒙版"的新图层出现在"skirt"层上方，默认为全白色，此图层为"skirt"层的蒙版层。

选择"skirt"层上放的"图层蒙版"，使用黑色画笔在蒙版层上绘画，画出裙子的形状（图6-2-19、图6-2-20）。

图6-2-19　绘制蒙版　　　　　　　　　　　　图6-2-20　画出裙子形状

⑦ 使用与步骤⑥ 相同的方法，完成皮肤区域的绘制（图6-2-21、图6-2-22 ）。

图6-2-21　创建"Skin"层和蒙版

图6-2-22　颜色层与蒙版层混合效果

人体的皮肤越薄的地方，其肤色越能呈现"血色"，所以在脸颊、眼睛、下巴、胳膊肘等处，用粉红色画出皮肤的质感（图6-2-23 ）。

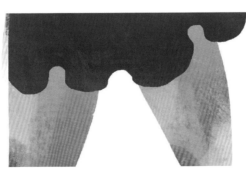

图6-2-23　皮肤红晕部分

Chapter 1
Chapter 2
Chapter 3
Chapter 4
Chapter 5
Chapter 6
Chapter 7
Chapter 8
Chapter 9
Chapter 10
Chapter 11

⑧ 使用步骤⑥ 的方法绘制头发的颜色（图6-2-24 ～图6-2-26 ）。

图6-2-24　创建"hair"层和蒙版

图6-2-25　头发的颜色和蒙版层

图6-2-26　完成头发绘制

⑨ 使用选区工具分别画出发丝和头发暗部的形状（图6-2-27 ）。

分别使用较亮和较暗的颜色，在选区内涂画出发丝的细节、头发暗部的颜色（图6-2-28 ）。

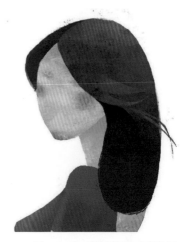

图6-2-27　画出发丝、头发暗部选区

图6-2-28　绘制发丝、头发暗部

　　为了使这部分头发与其他头发衔接在一起，在绘制时利用Apple Pencil的压感功能，在发梢部位用笔重一些，使其颜色较亮、较为明显；根部则用笔较轻，逐渐透明，从而逐渐过渡到其他部分。

（4）绘制五官

① 新建图层，命名为"五官"（图6-2-29）。

② 使用较小的画笔，画出人物的五官。

A.绘制鼻子时，这里没有采取写实的画法，而是省略了鼻翼、鼻孔等结构，只是用红色画出了类似"水滴"形状的鼻子，有利于塑造小巧、可爱的造型感。

使用较浅的亮色画出鼻子的高光，制造一定的质感（图6-2-30）。

B.绘制嘴唇，观察参考照片中人物的嘴唇，其造型较薄，涂了偏冷色的口红，微笑。根据这些特征，使用桃红色绘制嘴唇，使用深蓝色绘制暗部，并在下嘴唇加入部分湖蓝色，使嘴唇的颜色整体偏冷（图6-2-31）。同时，为了突出俏皮可爱的感觉，将上嘴唇画得较薄，而下嘴唇则较厚。

C.眼睛是心灵的窗户，所以眼球的绘制在人物插画中尤为重要。

首先，用画笔画出眼球的基本形状。由于透视角度的原因，所以两只眼球的形状是不同的（图6-2-32）。

为眼睛加入蓝绿色、深紫色，使眼球看上去更透明（图6-2-33）。

使用深蓝色，画出眼球中心的瞳孔。注意不要把整个瞳孔都画成死板的深色，利用压感的变化使其有一定的深浅变化（图6-2-34）。

图6-2-29 新建"五官"层

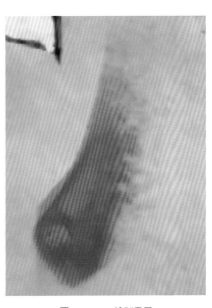

图6-2-30 绘制鼻子

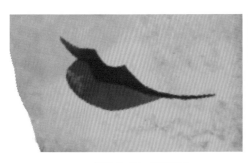

图6-2-31 绘制嘴唇

图6-2-32 眼球颜色

图6-2-33 丰富眼球颜色

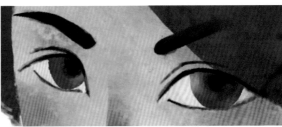

图6-2-34 绘制眼球细节

Chapter 1
Chapter 2
Chapter 3
Chapter 4
Chapter 5
Chapter 6
Chapter 7
Chapter 8
Chapter 9
Chapter 10
Chapter 11

　　将画笔尺寸调小，用不同的颜色为眼睛增加更多的细节，如蓝绿色的反光、瞳孔的边缘等，继续表现眼球的透明感（图6-2-35）。

　　将画笔颜色设定为白色，使用不同大小的画笔，画出不同形状的高光。应注意高光的全白色区域不能太多，以免出现"花"的情况（图6-2-36）。完成后的角色五官如图6-2-37所示。

图6-2-35　添加色彩细节

图6-2-36　眼球高光

图6-2-37　完成角色五官

（5）绘制手

　　① 新建图层，先根据草稿中的造型，画出手部的颜色。因为指尖和关节部位皮肤较薄，所以在这些区域加入一些红色（图6-2-38）。

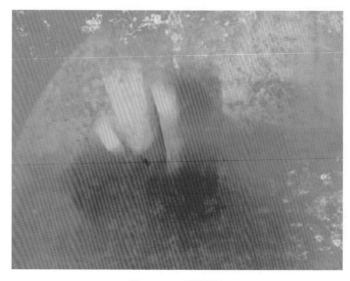

图6-2-38　手部颜色

② 为图层建立蒙版，在蒙版中画出手指的形状，完成手的绘制（图6-2-39）。

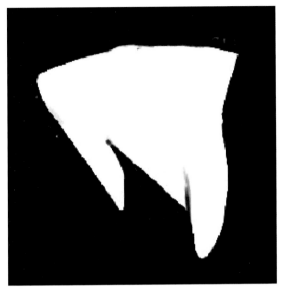

图6-2-39 利用蒙版绘制手部

（6）绘制背景

新建图层，放在人物图层后面。使用较亮的绿色调、黄色调画出背景。为了突出人物，背景层绘制得相对简单，忽略了部分细节。

先使用饱和度较低的深绿色，绘制树枝在地面上阴影的颜色（图6-2-40）。为此图层创建蒙版，在蒙版层上画出投影的造型。为了配合人物的造型风格，在绘制树荫时，没有画出树叶的形状，而是利用画笔的肌理和压感的变化，画出树荫"斑驳"的感觉（图6-2-41）。

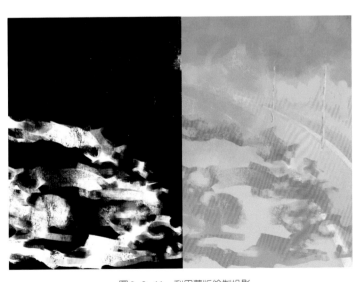

图6-2-40 背景   图6-2-41 利用蒙版绘制投影

第6章 唯美风格插画创作

Chapter 1
Chapter 2
Chapter 3
Chapter 4
Chapter 5
Chapter 6
Chapter 7
Chapter 8
Chapter 9
Chapter 10
Chapter 11

将图层的叠加模式改为变暗，使阴影层与背景层更好地结合在一起（图6-2-42、图6-2-43）。

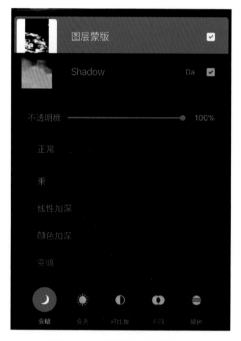

图6-2-42　调整图层叠加模式

图6-2-43　完成投影绘制

通过使用图层的叠加模式，可以将不同图层更好地融合在一起。初学者可以尝试使用不同的图层叠加模式，逐渐熟练掌握其使用方法。

（7）绘制细节

① 在所有图层的最上面，新建图层，重命名为"细节"。

② 选择"画笔-润色-短发"，使用较亮的红色，为人物头发绘制细节和质感（图6-2-44）。

"短发"画笔具有发丝的纹理，根据头发的生长方向和梳理方向绘制头发的纹理，可以使人物的头发看上去更加柔软（图6-2-45）。

"润色"分类中的画笔（汗毛、飘逸长发、短发、留茬、杂色画笔、旧皮肤、粗皮、僵尸皮）是用来绘制人物的，可以绘制毛发和皮肤的纹理（图6-2-46）。

"润色"分类中的纹理可以在绘制写实作品时，为画面增添纹理，使画面更加真实。

根据不同的毛发的特点，可以选择不同的画笔，如"汗毛""飘逸长发""短发"等来进行绘制（图6-2-47）。

③ 在细节层，继续为人物绘制更多细节。在衣服边缘增加一些较细的亮光，使造型更加明确（图6-2-48、图6-2-49）。

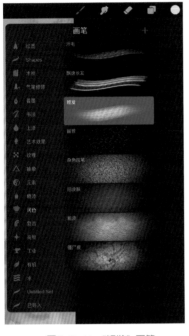

图6-2-44 "短发"画笔

图6-2-45 头发纹理

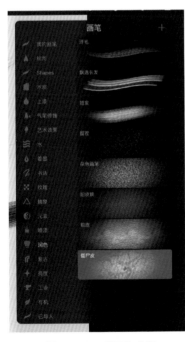

图6-2-46 "润色"分类

图6-2-47 不同笔刷效果

Chapter 1

Chapter 2

Chapter 3

Chapter 4

Chapter 5

Chapter 6

Chapter 7

Chapter 8

Chapter 9

Chapter 10

Chapter 11

图6-2-48　头发细节

图6-2-49　身体细节（一）

④ 在肩膀、胸部、臀部等处增加一些高光和阴影，塑造身体的体积感（图6-2-50、图6-2-51）。

⑤ 用较大的画笔在裙摆上画出更多的笔触，并画出裙子的内部结构，使其产生起伏和飘逸的感觉（图6-2-52）。

图6-2-51　身体细节（三）

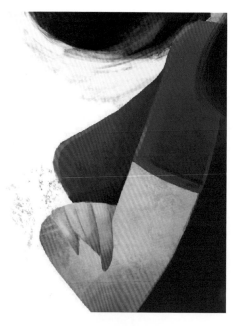

图6-2-50　身体细节（二）

图6-2-52　裙子

（8）合并图层

确定人物的造型后，将人物的所有图层合并为一层，删除多余的图层，将图层调整为图6-2-53所示的结构。

如在后期需要将作品在PC、Mac端的绘图软件如Photoshop中进行进一步的处理，那么应尽量使用英文字符对图层进行命名。如使用中文命名图层，导入Photoshop后将显示为乱码。

（9）调整画面色调

① 在人物层与背景层中间新建图层，重命名为"背景调色"（图6-2-54）。

将"背景调色"层的叠加模式改为"线性加深"（图6-2-55）。

图6-2-53　图层结构

图6-2-54　新建"背景调色"层

图6-2-55　调整图层模式

使用蓝色和黄色，在"背景调色"层填充颜色，调整背景的颜色倾向，统一背景的色调（图6-2-56）。

叠加后背景的颜色更加统一，黄色调的范围变小，冷色调变多（图6-2-57）。

图6-2-56　绘制调色层

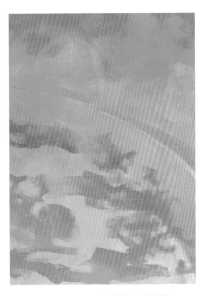

图6-2-57　调整颜色后的背景

② 在"细节"层之上新建图层，重命名为"人物调色"（图6-2-58）。

点击"人物"层，在弹出菜单中点击"选择"，生成以人物为范围的选区（图6-2-59）。

图6-2-58　"人物调色"层　　　　　　　　　　　　　图6-2-59　生成选区

选择"人物调色"层，在此层上为人物添加颜色和纹理。由于已经生成了选区，所以可以使用较大的画笔涂画颜色，并且不会画出人物的范围（图6-2-60）。

叠加后，人物的颜色产生了更丰富的变化，且更加统一（图6-2-61）。

图6-2-60　绘制"人物调色"层　　　　　　　　图6-2-61　调色后的人物

③ 调整背景层色调。

在图层面板选择"背景"层，选择"调整-颜色平衡"，按图6-2-62所示调整参数。

在"高亮区域""中间调""阴影"选项，将滑杆向蓝色、绿色拖动，增加画面中的冷色（图6-2-63）。

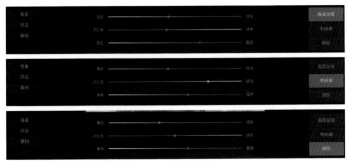

图6-2-62 "颜色平衡"命令参数

图6-2-63 调整后的颜色

④ 调整阴影色调。

选择阴影层，选择"调整-曲线"，按图6-2-64所示调整参数。

降低红色的曲线，减少投影中的红色；拉高绿色曲线，增加绿色；将蓝色的曲线调整为图中所示，增加中高调区域的蓝色，降低暗部的蓝色。所得到效果如图6-2-65所示。

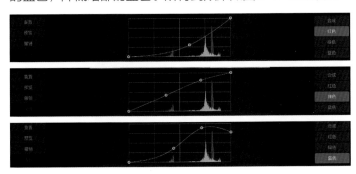

图6-2-64 "曲线"命令参数

图6-2-65 最终效果

经过调整颜色的步骤，使画面中的颜色更加鲜艳，加强了画面的形式感和装饰感，强化了背景与人物色彩的倾向性，使对比更加鲜明。此外，还可以通过灵活使用调整菜单中的功能，如颜色平衡、重新着色等，在完成绘画步骤后，继续改进作品的画面效果。

小提示

在本例中，着重使用了图层的蒙版功能。通过使用蒙版功能，使原图层和蒙版层相互

第6章 唯美风格插画创作

Chapter 1
Chapter 2
Chapter 3
Chapter 4
Chapter 5
Chapter 6
Chapter 7
Chapter 8
Chapter 9
Chapter 10
Chapter 11

独立，可以分别进行绘制和修改，为艺术家的创作提供了更多的灵活性，大大提高了创作效率。虽然通过选区功能也可以实现类似的绘制方法，但灵活性却不如使用蒙版。

在绘制装饰感较强、画面颜色变化较丰富的作品中（图6-2-66、图6-2-67），蒙版的作用尤为突出。

图6-2-66 积木世界

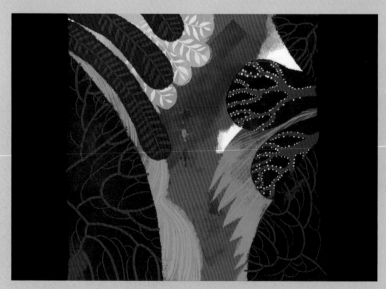

图6-2-67 旅途

上图的作品，画面主要由不同形状的色块组合而成，而每个色块中又有丰富的色彩变化和图案。通过使用蒙版，可以在色块的颜色和色块造型之间进行反复的修改和调整，而互不影响。

第7章

肖像漫画创作

7.1　肖像漫画与Procreate

7.1.1　肖像漫画介绍

　　肖像漫画（Caricature）指通过对人物的特征进行变形、夸张，来使其特征更加突出，从而更加鲜明地表现人物性格和特点的漫画作品（图7-1-1）。肖像漫画是数字艺术创作的重要领域之一，在艺术家扎实的造型能力的基础上，通过利用Procreate可以快速捕捉角色的特点，塑造其漫画造型。

图7-1-1　MattCaric / Jon Casey

肖像漫画最初流行于法国和意大利的贵族中间，如达·芬奇、杜米埃等艺术家都曾进行过此类创作。后来逐渐出现了不同主题、用途的肖像漫画，如新闻类、讽刺类等，风格十分多样（图7-1-2、图7-1-3）。

图7-1-2 奥诺雷·杜米埃作品

图7-1-3 Thomas Nast作品

7.1.2 Procreate画笔分析

在本例中，我们将绘制一幅夸张的肖像漫画。使用"着墨"分类中的画笔进行线稿的绘制。在上色当中，着重使用"气笔修饰"分类中的画笔。

"着墨"分类中包括了不同种类的钢笔风格画笔，可以满足艺术家对于描线的需求（图7-1-4）。

每种画笔的特性都不同，可以画出不同形态的线条（图7-1-5），如"细尖"画笔尺寸很小且没有粗细变化，适于用来绘制微小的画面细节，或绘制对线条稳定性要求较高的作品；"墨水渗流"的线条具有很强的纹理边缘，手绘感很强；"工作室笔"线条流畅、光滑，很适合用来绘制漫画作品；"点画"画出来的不是线条，而是在钢笔点画作品中常见的成片的"点"，大大提高了创作的效率；"书法笔"画笔模拟的则是在写美术字、画画时所使用的美工钢笔的线条。

"气笔修饰"画笔模拟了喷漆画笔的效果，此分类中的画笔类型在大多数数字绘图软件中都有提供，是最为常见的数字绘画画笔类型（图7-1-6）。画笔有"气笔"和"画笔"两个大类，每个大类中又按照硬度的不同分成多个不同的画笔。相同硬度的"气笔"和"画笔"效果比较相似（"气笔"易于混合，而"画笔"则更易于覆盖），可以根据具体情况进行选择；而不同硬度的则取决于画笔边缘的羽化程度，硬度越低则边缘越模糊，硬度越高则边缘越清晰（图7-1-7）。

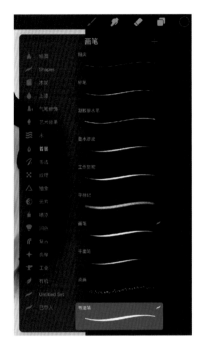

图7-1-4 "着墨"画笔

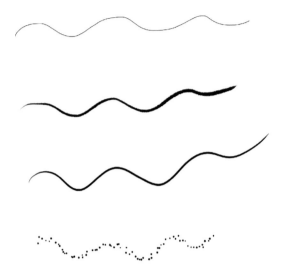

图7-1-5 "着墨"画笔效果

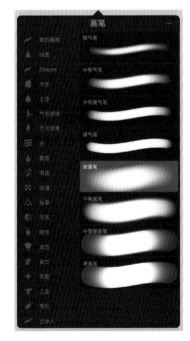

图7-1-6 "气笔修饰"画笔

图7-1-7 "气笔修饰"画笔效果

7.2　用Procreate绘制肖像漫画

7.2.1　绘前分析

本例中的人物造型夸张，使用漫画化的风格来突出人物的特征。在绘制这类作品的造型阶段，要注意运用基本的几何图形对人物进行分析和归纳，从中找出人物的比例特点并进行夸张。

本例以钢笔作为勾线的主要工具，在绘制中要注意灵活调整画笔的尺寸，轮廓线和大的造型使用较大尺寸的画笔，内部的造型则使用较小的画笔，以突出造型的层次感。另外，在本例中也较多运用了图层的"参考"功能，来分离线稿与颜色层。

7.2.2　绘制肖像漫画

（1）概括造型

进行肖像漫画的绘画之前，先对所要表现的人物进行观察和分析。暂时忽略服饰、明暗、肤色等细节，用基本的几何形状对人物的造型进行归纳，并将特征进行夸张变形。

遵循从整体到局部的顺序，首先对整个人物的头、身体部分进行概括，根据其造型特点将其归纳为简单的几何形状。本例中，将人物的整个头部概括为一个较长的梯形，并夸张表现下颌角的造型（图7-2-1）。

之后，观察五官的特点，在此夸张鼻子的长度，将其拉长；由于人物呈现微笑的表情，所以将眼睛的造型绘制为半月形，使其有比较明显的"笑"的感觉；在嘴部的造型上，突出嘴唇的几何造型，尤其是唇珠的形状，并加厚了下嘴唇，从而突出角色的表情特点（图7-2-2）。

图7-2-1　概括造型

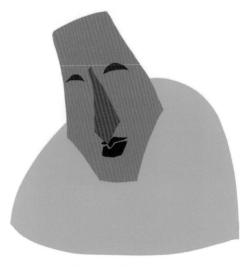

图7-2-2　概括五官造型

（2）绘制草图

根据对人物分析，使用铅笔画笔开始绘制草图（图7-2-3）。

逐渐细化草图，注意在绘画细节时要根据前面步骤中对角色特征的分析，对局部的造型进行相应的夸张变形（图7-2-4）。

图7-2-3　绘制草图

图7-2-4　细化草图

（3）绘制明暗关系

参考照片中的明暗，画出大概的明暗关系以塑造体积感、气氛（图7-2-5）。

图7-2-5　画出明暗关系

Chapter 1
Chapter 2
Chapter 3
Chapter 4
Chapter 5
Chapter 6
Chapter 7
Chapter 8
Chapter 9
Chapter 10
Chapter 11

人像作品对作者的基本功要求比较高。虽然人物的造型较为夸张，但造型仍要符合真实人体、头部的骨骼和肌肉结构（图7-2-6），以免出现基本的结构、造型错误。

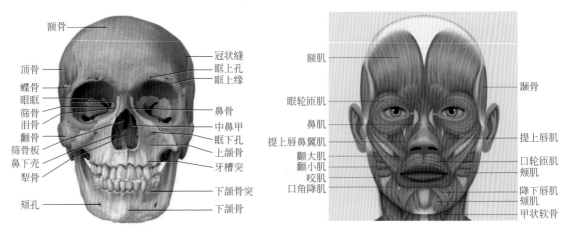

图7-2-6 头部骨骼、肌肉解剖图

（4）绘制线稿

新建图层，重命名为"墨线"，在此层绘制线稿（图7-2-7）。

降低"草图"层透明度为30%（图7-2-8）。

图7-2-7 新建"墨线"层

图7-2-8 降低"草图"层透明度

选中"画笔－着墨－书法笔"。"着墨"分类中的不同笔刷在描线时可以实现不同的视觉效果，可以根据自己的风格和喜好灵活选择（图7-2-9）。

由于Apple Pencil笔尖较滑，所以为了保证线条的流畅、整洁，可适当提高绘制线条的速度，然后再结合橡皮对线条进行细化调整（图7-2-10）。造型的外轮廓线可使用较粗的线条，面部则可使用较细的线条。由于面部是刻画的重点，所以使用较粗的线条概括画出身体。

图7-2-9　绘制线稿

图7-2-10　慢速、快速画出的线条对比

（5）填色

① 在线稿填色之前，先使用较细的画笔，将需要填色的部分画成封闭的区域，将有缺口的线条部分封上。

在没有封闭的区域使用填色功能，会出现漏色情况。如图7-2-11所示，由于眼角部分的线条出现缺口，所以填色时皮肤与眼睛出现漏色情况。

用较细的画笔将眼角的缺口补上，再次填色即可解决漏色情况（图7-2-12）。

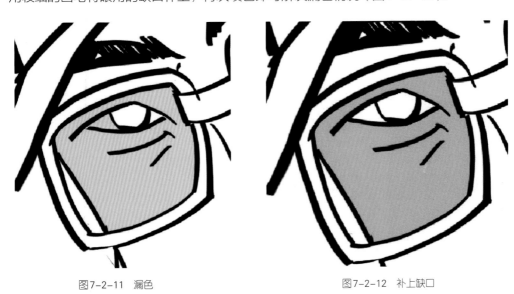

图7-2-11　漏色　　　　　　　　　　　　图7-2-12　补上缺口

② 将"墨线"层的缺口修补好后，在其下方新建图层，命名为"帽子-眼镜"（图7-2-13）。

为了保持颜色层与线稿层相互独立，需使用图层的"参考"功能（本功能介绍请参考2.1.4的内容）。点击"墨线"层，在弹出的菜单中选择"参考"（图7-2-14）。

图7-2-13 新建"帽子-眼镜"层

图7-2-14 设为"参考"层

在"墨线"层的图层名下方出现"参考"的字样，则本层已经被设为参考层。

选择"帽子-眼镜"层，在取色器中选择相应灰度的颜色，点击并按住颜色后，拖动到需要填色的区域，则该区域被填充为所选颜色（图7-2-15）。

图7-2-15 帽子填色

在将颜色拖入填色区域后，如保持手指不离开屏幕，则在屏幕上方出现蓝色的"色滴阈值"数值条（该数值控制了颜色填充的阈值，数值越小则范围越小，数值越大则范围越大），手指在画面上左右拖动，可调整该数值，从而调整当前填色范围（图7-2-16）。

图7-2-16 色滴阈值为0、98％时的填色效果

使用相同的方法，将帽子与眼镜区域的颜色填充完成（图7-2-17）。

图7-2-17 填色

③ 在"帽子-眼镜"层下方新建图层，重命名为"明暗"。保持"墨线"层为参考状态，使用不同灰度的颜色为"明暗"层填色，注意皮肤区域应使用较浅的颜色。

由于线稿的身体部分不是封闭的区域，所以在填色时，需要先用选区工具画出所需填色区域，然后再将颜色拖入选取进行填色（图7-2-18～图7-2-21）。

图7-2-18　画出右臂选区

图7-2-19　填色

图7-2-20　画出左臂选区

图7-2-21　填色

Chapter 1
Chapter 2
Chapter 3
Chapter 4
Chapter 5
Chapter 6
Chapter 7
Chapter 8
Chapter 9
Chapter 10
Chapter 11

完成图层的填色（图7-2-22）。

（6）深入刻画明暗关系和画面细节

① 打开"草图"层的显示，再选择"明暗"层。在"明暗"层上，根据"草图"层的调子，画出大概的明暗关系。

选择"画笔-气笔修饰-中等硬气笔"，进行绘制（图7-2-23）。

图7-2-22　完成填色

图7-2-23　大体明暗关系

绘制画面部明暗关系时，要注意分析面部结构和体积。由于人类面部结构较为复杂，且受肤色、灯光等多种元素影响，其光影会呈现随机的明暗效果。所以，要在理解结构的基础上对块面进行归纳总结，从而更好地突出人物的面部特征。

② 在上一步的基础上，降低画笔的尺寸。继续对明暗关系进行细化，画出暗部的反光和环境光的效果（图7-2-24）。

③ 继续深入绘画角色面部的细节。绘制眼睛、脸颊等细节的转折结构（图7-2-25），使用尺寸较小、边缘较硬的画笔，如"中等硬气笔"和"硬气笔"。

图7-2-24　反光和环境光

图7-2-25　面部细节

④ 结合使用不同硬度的画笔，绘制衣服的明暗关系（图7-2-26）。

⑤ 选择"帽子－眼镜"层，画出帽子的阴影和眼镜的金属质感（图7-2-27）。

图7-2-26 衣服的明暗

图7-2-27 帽子、眼镜的质感

⑥ 为嘴唇、鼻子、眼睛等部位添加更多结构、光泽的细节时，确保阴影和高光的锋利边缘，以体现其质感（图7-2-28）。

⑦ 选择"涂抹"工具，使用具有较强肌理感的画笔，涂抹身体下部的边缘，形成笔触的效果（图7-2-29）。

图7-2-28 更多细节

图7-2-29 涂抹身体下部

Chapter
1

Chapter
2

Chapter
3

Chapter
4

Chapter
5

Chapter
6

Chapter
7

Chapter
8

Chapter
9

Chapter
10

Chapter
11

（7）进一步填色

① 在线稿层下新建图层，重命名为"颜色"，将图层模式更改为"颜色－颜色"（图7-2-30）。

② 确定保持"墨线"层为参考模式，选择"颜色"层。使用拖动颜色到区域的方法，为皮肤填色（图7-2-31）。

图7-2-30 新建"颜色"层

图7-2-31 皮肤填色

③ 使用填色的方法以及画笔，在"颜色"层画出各区域的颜色（图7-2-32），通过与下方的明暗关系层（图7-2-33）相叠加，从而得到具备颜色和明暗关系的效果图7-2-34。

图7-2-32 各区域填色

图7-2-33 明暗关系

④ 检查"颜色"层，将在填色中遗漏的地方，用画笔补画完整。点击"颜色"层，如图7-2-35所示在弹出的菜单中，选择"Alpha锁定"（Alpha锁定功能在第2章2.1.4进行过讲解）。

图7-2-34 叠加颜色效果

图7-2-35 Alpha锁定

选择"Alpha锁定"后，画笔工具只能在当前图层中已有像素的区域进行绘画，防止下一步中使用较大画笔绘画时超出原有范围。

⑤ 选择"画笔－气笔修饰－软气笔"，使用偏暖的颜色，画出脸颊、鼻子等皮肤红晕的区域（图7-2-36）。

⑥ 使用"中等气笔"，画出嘴唇的颜色（图7-2-37）。

图7-2-36 皮肤红晕

图7-2-37 嘴唇的颜色

⑦ 选择较冷的颜色，将帽子下面阴影部分的颜色渲染为冷色（图7-2-38）。

⑧ 结合使用大小、硬度不同的画笔，为人物各部分画上不同颜色，注意色相的冷暖倾向（图7-2-39）。

第7章 肖像漫画创作

Chapter 1
Chapter 2
Chapter 3
Chapter 4
Chapter 5
Chapter 6
Chapter 7
Chapter 8
Chapter 9
Chapter 10
Chapter 11

图7-2-38　冷色阴影

图7-2-39　颜色层效果

（8）调整画面

新建图层，对画面进行最后的调整（图7-2-40、图7-2-41）。

图7-2-40　叠加效果

图7-2-41　最终效果

小提示

　　本章作品绘画的绘制过程中，使用了近年在数字绘画领域非常流行的画法。即先使用单色画笔，以单色素描的形式，塑造画面的结构和明暗关系，解决造型、结构、光影等问题，然后再通过画笔或图层的叠加模式，为画面的不同区域绘制颜色，解决画面的色彩关系问题。

Chapter

第8章

高级画笔设置

作为应用最为广泛的iOS端数字绘画软件，画笔是Procreate最为核心的功能之一。在本章中，我们将详细讲解画笔的设置选项，以及自定义画笔的创建与管理。

8.1 数字画笔概述

在计算机图形技术发展的早期，由于硬件、软件等各方面的原因，数字绘画与传统的纸上绘画存在明显的差异，数字绘画作品常有很强的"制作感"和"不真实感"。随着计算机技术的发展和数字艺术家的不断探索，数字绘图软件尤其是其画笔功能越来越强大，作品的画面效果越来越接近传统的绘画作品，甚至达到了"以假乱真"的程度（图8-1-1、图8-1-2）。

图8-1-1 秋

图8-1-2 Rock Star

不同数字绘画软件的画笔工具有各自的特点，也有其相似之处。其基本原理是将画笔的属性分解成不同的形状或图案，通过为形状设定不同的参数和数值，来实现不同的绘画效果。图8-1-3～图8-1-5分别为PC端常用的绘图软件painter、Photoshop和SAI的画笔设置面板。

图8-1-3　painter画笔设置面板

图8-1-4　Photoshop画笔设置面板

图8-1-5　SAI画笔设置面板

不同软件的画笔设置各自不同，有的看上去选项很多甚至很复杂，但对于有经验的数字艺术家来说其实都大同小异，经过一段时间的练习后就可以熟练使用。对于初学者来说，只要勤加练习，就会逐渐掌握其中的原理和技巧。

8.2　Procreate画笔的设置

8.2.1　画笔形状与颗粒

图8-2-1　画笔形状

Procreate将画笔分解为两个基本元素——形状与颗粒。通过将这两个元素进行不同形式的组合、调整来实现多种多样的画笔。

如图8-2-1所示，将半月形状的画笔和树丛状的颗粒图片（图8-2-2）进行简单的组合后，其笔画为连续的半月状图形，填充以树丛的颗粒（图8-2-3）。

图8-2-2　画笔颗粒

图8-2-3　生成画笔

8.2.2　画笔菜单详解

Procreate画笔的设置选项丰富且强大，提供了描边、形状、颗粒、动态、Pencil、常规、来源等几个分类，每个分类中又包含多个参数和选项（图8-2-4）。

图8-2-4　画笔设置

（1）描边（图8-2-5）

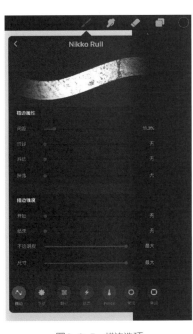

1）描边属性

间距：组成画笔的每个形状之间的距离。

流线：实时处理画笔笔画的流畅程度。

抖动：组成画笔的形状向笔画两侧偏移的距离。

掉落：笔画的衰减距离。

2）描边锥度

开始：在笔画的开始位置生成锥度。

结束：在笔画的结束位置生成锥度。

不透明度：笔画锥度部分的不透明度。

尺寸：锥度的尺寸。

图8-2-5　描边选项

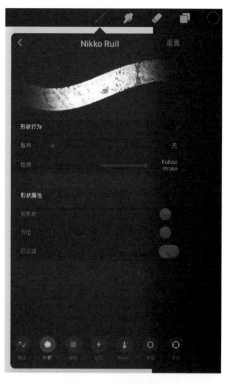

图8-2-6 形状选项

（2）形状（图8-2-6）

1）形状行为

散布：组成画笔的形状的角度，数值越大则笔画的边界越粗糙。

旋转：决定笔刷旋转角度受笔画方向影响的程度。

–100%：笔刷旋转角度与笔画方向相反。

0：锁定笔刷旋转角度。

100%：笔刷角度与笔画方向相同。

2）形状属性

随机化：使画笔形状随机化。

方位：使画笔的形状随Apple Pencil与屏幕之间角度的变化而改变。

已过滤：使画笔的效果更光滑。

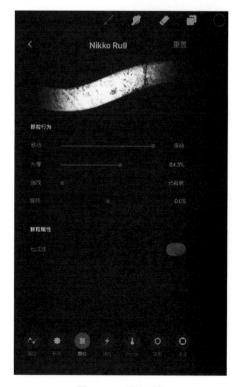

图8-2-7 颗粒选项

（3）颗粒（图8-2-7）

1）颗粒行为

移动：决定了画笔的颗粒是油漆刷效果或是图章效果，当设定为滚动（100%）时，画笔的颗粒出现涂抹效果。

尺度：画笔内部颗粒的大小。

缩放：颗粒的尺寸是否随画笔的尺寸而改变。

旋转：颗粒是否随笔画的方向而产生涂抹效果。

2）颗粒属性

已过滤：对颗粒施加抗锯齿效果。

（4）动态（图8-2-8）

画笔渲染有三种不同的模式可以提供不同的画笔动态类型，并分别提供不同的选项。

正常：普通画笔模式。

Glazed：画笔具有统一的透明度，类似于默认的Photoshop画笔效果。

混湿：湿画笔模式，包括稀释、支付、拖拉长度等选项。

1）正常模式

① 不透明度动态

速度：不透明度随画笔移动速度而改变。

-100%：画笔移动越快，不透明度越低。

0%：不透明度不随画笔移动速度而变化。

100%：画笔移动速度越快，不透明度越高。

抖动：画笔不透明度的抖动。

② 尺寸动态

速度：画笔尺寸随画笔的移动速度而变化。

抖动：画笔尺寸的抖动。

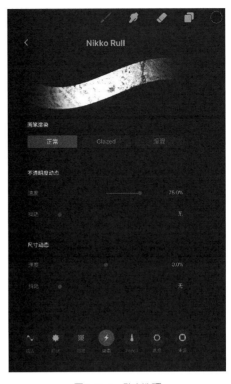

图8-2-8　动态选项

2）Glazed模式（图8-2-9）

① 画笔渲染

积累：画笔形状逐渐堆积。

流程：画笔施加在画布上的颜料量。

② 不透明度动态

速度：不透明度随画笔移动的速度而变化。

抖动：不透明度的抖动程度。

③ 尺寸动态

速度：画笔尺寸随画笔移动速度而变化。

抖动：画笔尺寸的抖动程度。

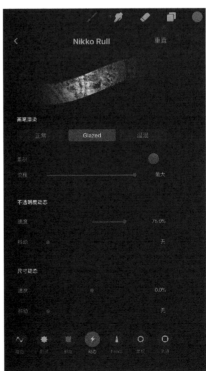

图8-2-9　Glazed模式选项

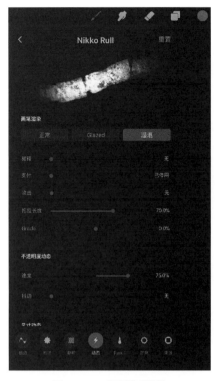

图8-2-10 湿混模式选项

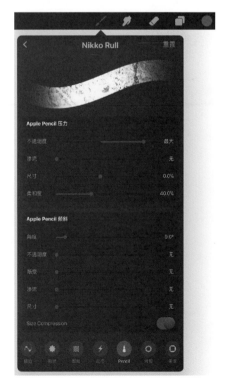

图8-2-11 Pencil选项

3）湿混模式（图8-2-10）

① 画笔渲染

稀释：画笔中的含水量。当滑杆在最左侧时，画笔中没有水分，呈普通画笔状态。

支付：应用在画笔上的颜料量。

攻击：此数值用以模拟真实画笔随着压力的增大，在画布上产生更大的笔画区域。基于Apple Pencil在屏幕上所施加的压力，此数值越大，笔画的变化越大。

拖拉长度：决定了画笔可以将画布上已有颜色拖拉的长度，数值越高则拖拉距离越远。

Grade：拖拉时所产生笔画的光滑程度。

② 不透明度动态

速度：不透明度随画笔速度而改变。

抖动：不透明度的抖动程度。

③ 尺寸动态

速度：画笔尺寸随画笔速度而改变。

抖动：画笔尺寸的抖动程度。

（5）Pencil（图8-2-11）

针对Apple Pencil的设置和选项，同时可以支持第三方画笔的尺寸和不透明度的调整，但不能调整与画笔倾斜相关的选项。

1）Apple Pencil压力

不透明度：不透明度与Apple Pencil的压力之间的关系。

当数值为0时，不透明度不随Apple Pencil的压力而变化。

当数值为100%时，不透明度与Apple Pencil的压力成正比。Apple Pencil的压力越大，画笔越不透明。

当数值为−100%时，不透明度与Apple Pencil的压力成反比。Apple Pencil的压力越大，画笔越透明。

渗流：画笔颗粒的阈值，数值越大则画笔颗粒的细节越少，反之则越多。

尺寸：与压力相似，代表了画笔尺寸与Apple Pencil的压力之间的关系。

当数值为0时，尺寸不随Apple Pencil的压力而变化

当数值为100%时，尺寸与Apple Pencil的压力成正比。Apple Pencil的压力越大，画笔越不透明。

当数值为-100%时，尺寸与Apple Pencil的压力成反比。Apple Pencil的压力越大，画笔越透明。

柔和度：画笔对压力的敏感程度。数值越低画笔对笔压变化越敏感，反之则越不敏感。适当提高此数值，可得到相对光滑流畅的笔压、透明度等效果。

2）Apple Pencil倾斜

角度：Apple Pencil开始影响画笔形状的角度。0为平行于屏幕，90为垂直于屏幕。

不透明度：不透明度随Apple Pencil倾斜程度而变化。

渐变：Apple Pencil倾斜时，笔画呈现渐变效果的程度。

渗流：Apple Pencil倾斜时，笔画的颗粒阈值受影响的程度。

尺寸：笔画尺寸随Apple Pencil倾斜程度而变化，数值越大则在倾斜时画笔尺寸变得越大。

Size Compression：通过压缩画笔尺寸，来模拟真实铅笔的效果。

（6）**常规**（图8-2-12）

1）画笔属性

画笔名称：当前画笔名称，点击后可以改变自建画笔的名称。

使用图章预览：使用图章模式对画笔效果进行预览。

预览：调整画笔预览的尺寸。

2）画笔行为

适应屏幕：根据屏幕的角度对画笔的角度进行调整。

混合模式：选择笔画与当前层其他已有图像、颜色的叠加方式。

涂抹：当在涂抹工具中选择此画笔时，此笔刷涂抹颜色的力度。

3）尺寸限制

最大：当前画笔随压力变化可以实现的最大尺寸。默认为100%，但可进一步提高。

最小：当前画笔随压力变化可以实现的最小尺寸。

4）不透明度限制

最大：当前画笔随压力变化可以实现的最大透明度。

最小：当前画笔随压力变化可以实现的最小透明度。

（7）**来源**（图8-2-13）

设定组成画笔的两个基本元素——形状与颗粒。我们将在创建画笔的章节进行讲解。

图8-2-12 常规选项

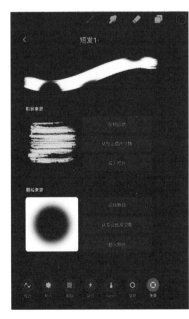

图8-2-13 来源选择

Chapter 1
Chapter 2
Chapter 3
Chapter 4
Chapter 5
Chapter 6
Chapter 7
Chapter 8
Chapter 9
Chapter 10
Chapter 11

8.2.3 设定笔压曲线

由于每个人在绘画时所用的力量、习惯和偏好有所不同，所以对笔压感应的要求也不同，调整相应的笔压曲线，可以帮助艺术家更好地绘画。

点击"操作－偏好设置－编辑压力曲线"，打开图8-2-14所示窗口。

在坐标系中，横轴代表了用户在Apple Pencil上所施的压力，纵轴则代表了画笔在Procreate画布上实现的压力。

默认情况下，随着用户所施加压力的增加，画笔在画布上实现的压力越大（图8-2-15）。

若将曲线的形态调整为与默认相反，则画笔的笔压与用户所施加压力相反。即手施加压力越大，画笔压力越小；手施加压力越小，则画笔压力越大（图8-2-16、图8-2-17）。

图8-2-14 递增压力曲线

图8-2-16 递减压力曲线

图8-2-15 压力变化

图8-2-17 相反的压力变化

如果将曲线调整为水平状态（图8-2-18），则画笔压力被限定为固定半透明状态，不再随压力的变化而变化（图8-2-19）。

提高曲线水平高度到最高，则画笔始终处于最大压力状态，没有半透明区域（图8-2-20、图8-2-21）。

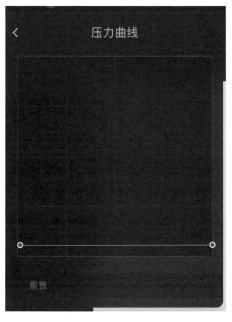

图8-2-18 底部水平压力曲线

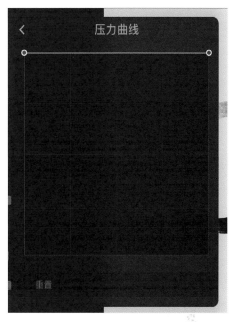

图8-2-20 顶部水平压力曲线

图8-2-19 压力无变化

图8-2-21 压力无变化

　　用户可以根据自己的习惯，灵活调整曲线的形态。例如将曲线调整为图8-2-22所示的形态，使曲线在纵轴上的提高速度降低，可降低画笔笔压的提高速度，在绘画中得到更多的压力细节（图8-2-23）。

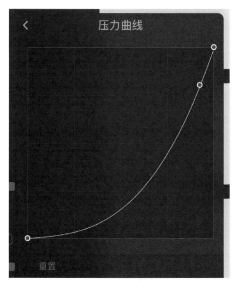

图8-2-22 压力曲线调整（1）

图8-2-23 相应压力变化

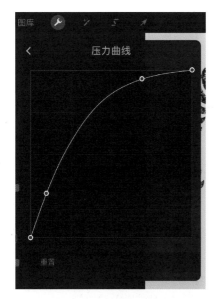

图8-2-24　压力曲线调整（2）

初学者应尝试调整压力曲线，感受不同形态的曲线对压力的影响，从而找到适合自己的曲线形态。对于"手劲"大的人，可使用上升较慢的曲线，避免用力太大而无法获得丰富的压感变化；对于"手劲"小的人，则可使曲线上升相对快一些（图8-2-24），从而可以用较小的力量画出压感较大的笔画。

点击下方"重置"，可将曲线恢复到默认形态。

8.3　画笔的创建

Procreate内建了大量画笔形状与颗粒素材，艺术家可以自由组合、调整这些素材来制作自己需要的画笔。

8.3.1　使用内置素材创建画笔

（1）设置

打开画笔面板的分类列表，自上向下拖动，直到在顶部出现"新组"按钮，点击"新组"按钮（图8-3-1）。

将新建的画笔分组命名为"我的画笔"（图8-3-2）。

图8-3-1　新建分组

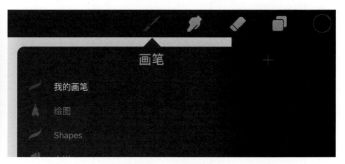

图8-3-2　新建画笔

在新建的"我的画笔"分组中，点击右上方的"+"按钮。

在菜单顶部默认的画笔命名为"未命名画笔"（图8-3-3），用户可任意为画笔命名，此处将画笔重命名为"测试画笔01"。

在形状来源菜单中，选择"从专业图库交换"，在打开的素材库中选择"Chinese Ink"（图8-3-4）。

图8-3-3 画笔选项

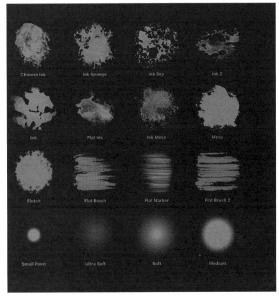

图8-3-4 画笔形状图库

在颗粒来源菜单中，选择"从专业图库交换"，在打开的素材库中选择"Stained Paper2"（图8-3-5）。

选择完形状和颗粒后，在菜单中可对画笔的效果进行预览（图8-3-6）。

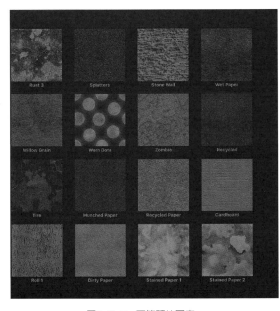

图8-3-5 画笔颗粒图库

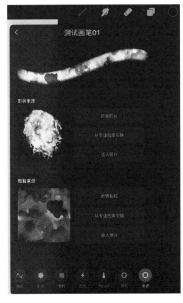

图8-3-6 画笔效果

Chapter 1
Chapter 2
Chapter 3
Chapter 4
Chapter 5
Chapter 6
Chapter 7
Chapter 8
Chapter 9
Chapter 10
Chapter 11

点击左上角的"<"按钮，回到画笔列表，"测试画笔01"出现在列表中（图8-3-7）。

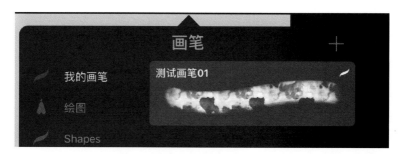

图8-3-7 新建画笔

（2）测试

在画布上测试画笔效果。默认情况下，画笔的形状和颗粒都将均匀分布（图8-3-8）。

图8-3-8 默认效果

（3）调整

根据需要，对画笔的参数进行调整，具体参数可参照图8-3-9～图8-3-14。

 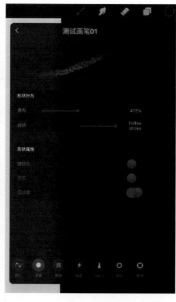 

图8-3-9 调整描边选项　　　　图8-3-10 调整形状选项　　　　图8-3-11 调整颗粒选项

图8-3-12 调整动态选项　　　图8-3-13 调整Pencil选项　　　图8-3-14 调整常规选项

经过调整后，画笔的尺寸和透明度都根据压感进行变化，颗粒的排列也更加随机化，看上去更加自然，更接近真实的画笔效果（图8-3-15）。

图8-3-15 调整前与调整后画笔效果

8.3.2 使用自定义素材创建画笔

艺术家也可以利用已有的素材来创建画笔，从而更好地建立作品独特的艺术风格。

（1）准备素材

在创建画笔之前，先准备好所需素材——画笔形状（图8-3-16）、画笔颗粒（图8-3-17）。画笔形状决定了单个画笔的形状，画笔颗粒则决定了画笔内部所填充的纹理。这两种元素可以通过拍照、手绘等多种形式获取。

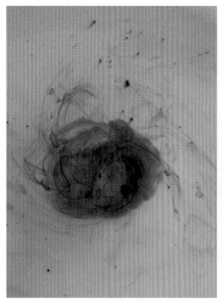 

图8-3-16　形状素材图片　　　　　　　　　图8-3-17　颗粒素材图片

（2）处理素材

在用作画笔的形状之前，首先需要对素材进行处理。

① 在Procreate中新建正方形画布，点击"操作–图像–插入照片"，将图片导入画布（图8-3-18）。

② 使用操作工具，将图片放大，将用做画笔形状的部分调整到最大（图8-3-19）。

 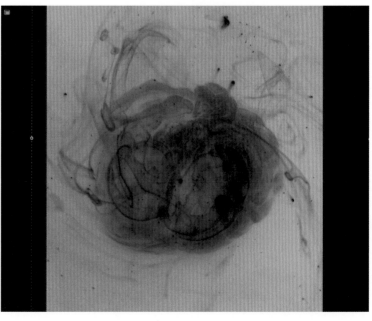

图8-3-18　插入图片　　　　　　　　　　　图8-3-19　调整图片尺寸

③ 选择"调整－色调、饱和度、亮度"（图8-3-20）。

④ 调整下方参数，将图像饱和度调到最低，将图像调整为黑白的灰度图（图8-3-21）。

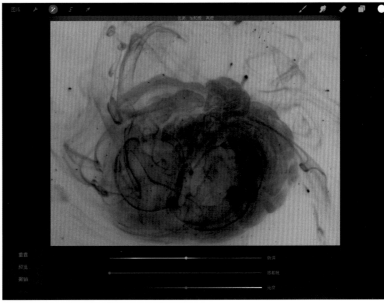

图8-3-20　调整图片　　　　　　　　　　　图8-3-21　调整色调、饱和度、亮度命令参数

⑤ 选择"调整－曲线"，按照图8-3-22所示调整曲线形态，提高图片的对比度。

图8-3-22　调整"曲线"命令参数

⑥ 使用橡皮工具清理图片，将画笔形状外部的杂点擦除干净（图8-3-23），并将图片保存到系统相册。

⑦ 使用相同的方法，调整颗粒文件的图片。将图片处理为灰度图（图8-3-24），并使用曲线功能提高图片的对比度（图8-3-25）。

图8-3-23 形状素材

图8-3-24 颗粒素材照片

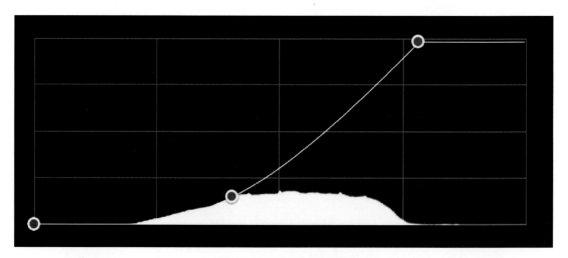

图8-3-25 "曲线"命令参数

（3）创建画笔

新建画笔（步骤与8.3.1相同），在形状来源中选择"插入照片"，在相册中选择处理过的画笔形状图片，在颗粒来源中选择"插入照片"，选择处理过的颗粒图片（图8-3-26、图8-3-27）。

在画笔预览中看到，画笔的形状并非图片中画笔的形状，而是正方形。这是由于画笔形状图片的黑白区域颠倒导致的。

点击"形状来源-反转形状"，反转其黑白区域即可得到正常画笔形状（图8-3-28）。

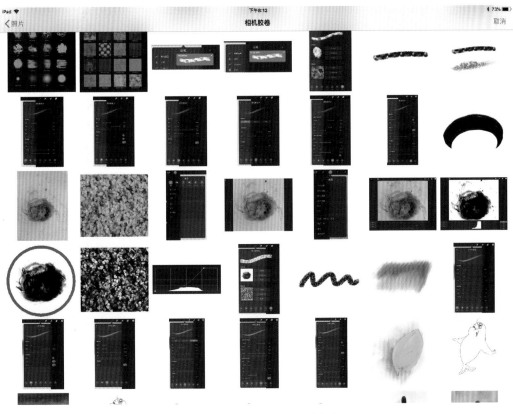

图8-3-26　在相册中选择形状素材

图8-3-27　选择形状、颗粒来源

图8-3-28　画笔效果

Chapter 1

Chapter 2

Chapter 3

Chapter 4

Chapter 5

Chapter 6

Chapter 7

Chapter 8

Chapter 9

Chapter 10

Chapter 11

（4）测试并调整参数

① 调整画笔参数（图8-3-29～图8-3-34），得到如下画笔效果。

图8-3-29　调整描边选项

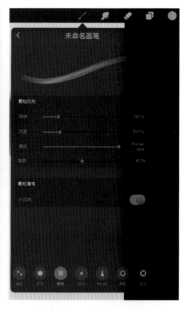

图8-3-30　调整形状选项　　　　图8-3-31　调整颗粒选项

图8-3-32　调整动态选项

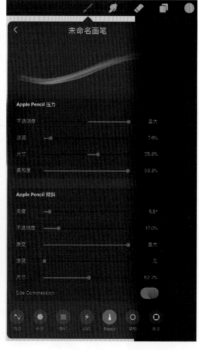

图8-3-33　调整Pencil选项

图8-3-34　调整常规选项

② 再次测试画笔，除了压感变化外，由于在"动态"选项中，选择了"湿混"类型，所以不同颜色的画笔颜色可实现一定程度的融合、涂抹效果；另外，在"颗粒"选项中，将"移动"和"拖放"等数值进行了调整，所以画笔的颗粒实现类似笔刷的效果（图8-3-35）。

③ 使用此画笔绘制作品进行测试，根据测试效果继续改进画笔（图8-3-36）。

图8-3-35　测试画笔效果（1）　　　　　图8-3-36　测试画笔效果（2）

8.4　画笔的导出与导入

为了便于艺术家之间的交流，Procreate的画笔可以很灵活地进行导入、导出。艺术家只要把相应的画笔文件导入到自己设备的Procreate当中，就可以使用由其他艺术家创建的画笔；同样，自己创建的笔刷也可以导出分享给其他艺术家使用。

Procreate的画笔以".brush"格式的文件进行存储。

8.4.1　画笔的导出

在Procreate当中，选择需要导出的画笔，自右向左滑动，在弹出的菜单中选择"分享"（图8-4-1）。

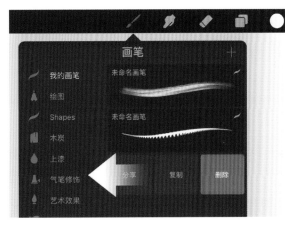

图8-4-1　画笔菜单

在弹出的"分享"选项菜单中，选择用来进行分享的程序（图8-4-2）。

以邮件附件的形式分享画笔文件如图8-4-3所示。

图8-4-2　选择导出方式

图8-4-3　使用邮件分享画笔

将画笔文件通过QQ发送给好友如图8-4-4所示。

将画笔文件上传到百度网盘进行保存和分享如图8-4-5所示。

图8-4-4　使用QQ分享画笔

图8-4-5　使用网盘分享画笔

如要进行面对面地分享，将文件发送给相邻的其他iOS设备，则可选择使用"隔空投送"的方式（图8-4-6），接受设备只要选择使用Procreate打开文件，即可将画笔导入本地。

　隔空投送。立即与附近的人共享。如果他们从 iOS 设备的"控制中心"或 Mac 上的"访达"中打开了"隔空投送"，那么您将可以在此处看到他们。轻点即可共享。

图8-4-6　使用隔空投送分享画笔

　　另外，也可以使用从iOS11开始引入的文件管理系统，来管理画笔文件。在导出菜单中，选择"存储到'文件'"（图8-4-7）。

　　在菜单中选择将画笔文件存储到"我的iPad"（本地）或"iCloud云盘"（云端），并点击右上角的"添加"按钮（图8-4-8）。

图8-4-7　将画笔存入"文件"

图8-4-8　选择存储位置

　　打开"文件"App，可以看到，刚才的画笔文件"测试画笔01.brush"已经保存在相应的文件夹中了（图8-4-9）。

图8-4-9　"文件"App

8.4.2　画笔的导入

在Procreate的画笔面板点击右上角的"+"按钮，弹出新建画笔面板（图8-4-10）。点击右上角的"导入"按钮（图8-4-11），即可浏览本地文件，导入相应的画笔文件（图8-4-12）。

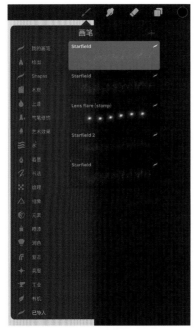

图8-4-10　弹出画笔面板　　　　　　　　图8-4-11　点击导入

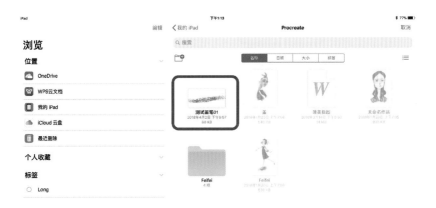

图8-4-12　选择画笔文件

除了导入本地画笔文件之外，艺术家可以在网上获取丰富的画笔资源。尤其是 Procreate 的官方社区（https://procreate.art/discussions/redirect/），为艺术家提供了交流的空间和资源，很多艺术家会把自己制作的笔刷上传到社区中供网友们使用。

在 Procreate 中点击"操作–帮助–社区"，即可打开官方社区（图8-4-13）。

官方社区根据话题分为多个板块（图8-4-14），艺术家大多将自己的画笔上传到"Resources"板块中。

图8-4-13 打开帮助菜单

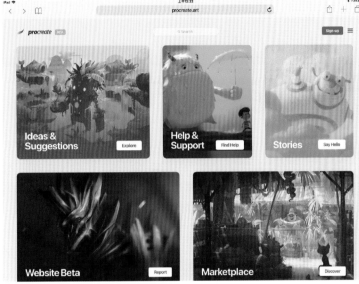

图8-4-14 Procreate官方社区

打开"Resources"板块，可以看到帖子列表，选择感兴趣的画笔下载即可。

在"文件"中点击所下载的画笔文件，选择"拷贝到'Procreate'"（图8-4-15），画笔被自动导入到 Procreate 软件中。

在画笔菜单中找到"已导入"分类，即可找到刚才导入的画笔（图8-4-16）。

图8-4-15 拷贝到"Procreate"

图8-4-16 画笔导入成功

第9章

Procreate文件交互

虽然Procreate功能强大，但与桌面系统的图像处理软件尤其是Photoshop相比，仍有许多不具备的功能。艺术家可以通过将用Procreate创作的作品导出多种不同格式的文件（包括PSD格式），以便导入桌面系统软件中进一步进行绘制和调整。

9.1 配合Photoshop美化作品

9.1.1 PSD文件导出

① 打开第5章中绘制的图例。点击"操作－共享－PSD"（图9-1-1）。

在此菜单中，可使用多种方式传输、存储文件。点击"存储到'文件'"（图9-1-2）。

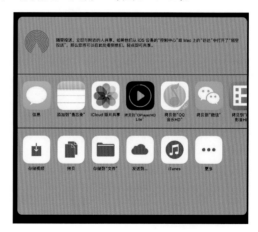

图9-1-1 导出PSD文件

图9-1-2 选择导出方式

在弹出的菜单上方，可以看到将要保存的文件名字"手绘儿插-调线.psd"。在下方的树状目录结构中，选择"iCloud 云盘"中的目录，点击右上角的"添加"按钮，文件保存完成（图9-1-3）。

按"Home"键回到主屏幕，打开"文件"，看到文件（手绘儿插-调线）已经保存在iCloud的Procreate目录中（图9-1-4）。

图9-1-3　选择存储位置　　　　　　　　　　　　　图9-1-4　保存文件

② 在PC端的计算机中，找到iCloud文件夹。打开并刷新，可以看到刚才在iPad上存储的文件已经同步到云端（图9-1-5）。打开刚才保存的"手绘儿插画-调线.psd"文件。

③ 使用Photoshop打开Procreate导出的psd文件，其图层与Procreate中的图层完全相同（图9-1-6）。

手绘儿插-调线.
psd

图9-1-5　导出的PSD文件

图9-1-6　Photoshop与Procreate中图层结构对比

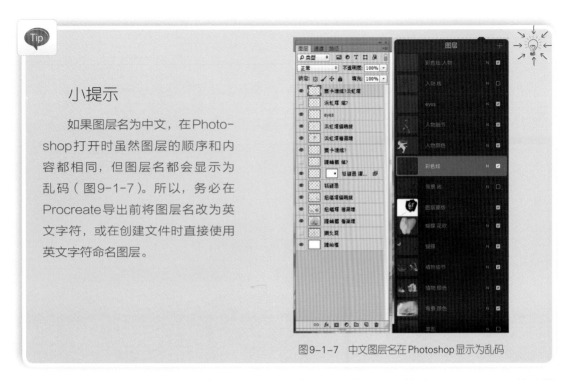

图9-1-7 中文图层名在Photoshop显示为乱码

使用Procreate导出其他格式文件的步骤与此相同，这里不再赘述。PNG、TIFF格式的文件都可以保留图像的通道。

9.1.2　Photoshop图像处理

① 打开文件后，可以使用Photoshop强大的全面处理功能对作品继续加工。在Photo-shop中选择最顶部的图层，然后在界面最上部的菜单栏中点击"图层－新建调整图层－色彩平衡"。按照图9-1-8所示调整色彩平衡的数值。

② 在Photoshop中选择最顶部的图层，然后在界面最上部的菜单栏中点击"图层－新建调整图层－色阶"。按照图9-1-9所示调整色阶的数值。

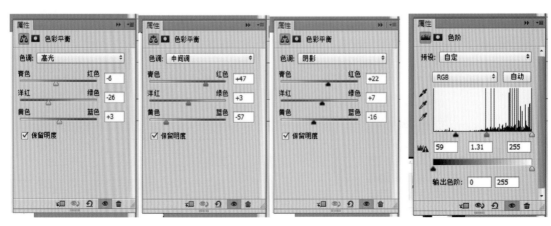

图9-1-8　使用色彩平衡处理图像　　　　　图9-1-9　使用色阶处理图像

经过在Photoshop中的进一步调整，提高了画面中的暖色调，氛围更加温馨。同时，通过使用色阶调整图层，作品的对比度也进一步提高（图9-1-10）。

图9-1-10　用Photoshop处理后的作品

9.2　绘画视频的导出

绘画视频的分享，对于职业艺术家和初学者、爱好者来说是必不可少的学习、交流手段。以往，录制绘画视频需要特殊的录屏幕软件，且视频需进行压缩处理才能用以分享。Procreate内置了绘画过程导出功能，轻而易举地解决了这一问题。

9.2.1　绘画过程回放

打开需要导出绘画视频的作品，点击"操作－视频"（图9-2-1），可在Procreate中直接对绘画过程进行回放。

视频顶端的蓝色进度条为绘画进度控制条，可用手指在屏幕上左右滑动来控制播放进度（图9-2-2）。

Chapter 1
Chapter 2
Chapter 3
Chapter 4
Chapter 5
Chapter 6
Chapter 7
Chapter 8
Chapter 9
Chapter 10
Chapter 11

图9-2-1 打开视频菜单

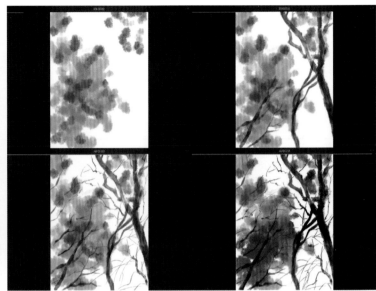

图9-2-2 滑动控制播放进度

如果要绘制新的作品，首先要确保打开"操作-视频-慢镜头录制"后面的开关（图9-2-3）。

打开此开关之后，在进行绘制时会保存绘画过程。如打开已经保存绘画过程的作品后，关闭此开关，会弹出如图9-2-4所示的对话框。

图9-2-3 打开"慢镜头录制"

图9-2-4 选择是否清理绘画过程

选择"清理"则可删除已保存的绘画过程，选择"不清理"则保留已经保存的绘画过程。

9.2.2 绘画视频导出

选择"操作-视频-导出延时视频"（图9-2-5），即可将当前作品的绘画过程导出。

导出视频后，选择视频保存的方式。选择"存储视频"，将视频保存到相册；选择"存储到'文件'"，将视频通过"文件"保存到本地目录或云端存储（图9-2-6）。

保存后，即可在保存位置，如相册（图9-2-7）或文件中查看导出的视频。

图9-2-5 选择"导出延时视频"

图9-2-6 选择保存方式

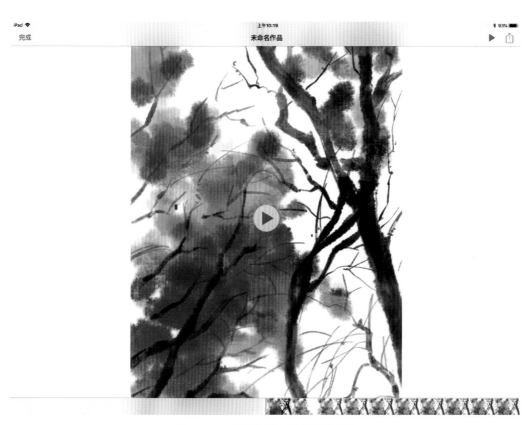

图9-2-7 在系统相册中查看导出的视频

Chapter 1

Chapter 2

Chapter 3

Chapter 4

Chapter 5

Chapter 6

Chapter 7

Chapter 8

Chapter 9

Chapter 10

Chapter 11

根据需要，可对视频的尺寸进行设定。按"Home"键回到系统界面，点击"设置"图标（图9-2-8）。

在"设置"中找到Procreate的设置菜单（图9-2-9）。

图9-2-8 "设置"图标

图9-2-9 Procreate的设置菜单

继续打开"慢镜头录制质量"，即可选择所需视频质量（图9-2-10）。

已禁用	
普通质量	
高质量	
画室质量	✓
4K（iPad Air 2 或更高版本）	

图9-2-10 选择视频质量

可选的视频质量从上到下依次提高，质量与视频文件的体积呈正比，也就是说质量越高则文件体积越大，质量越低则文件体积越小。Procreate甚至可以支持最高4K分辨率视频的导出，但是仅限于在iPad Air2、iPad Pro等较新的设备。

9.2.3 绘画视频广播

对于有需要的艺术家，也可以将自己的绘画过程直播到所支持的视频平台上。

点击"操作–视频–开始实况广播"，即可选择已在iPad上安装的直播平台进行直播（图9-2-11）。

开始直播后，在界面的顶部，会出现摄像机图标（图9-2-12），表示当前处于直播状态。

点击摄像机图标，打开直播选项（图9-2-13）。

相机：打开后，可在直播自己的绘画过程的同时，通过设备的前置摄像头同时拍摄自己。

麦克风：打开后，使用设备的麦克风，为直播录制自己的声音。

停止录制：停止录制视频。

图9-2-12　激活直播状态

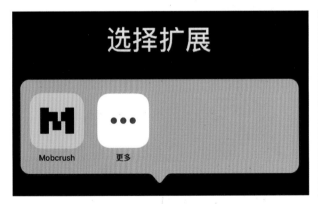

图9-2-11　选择直播平台

图9-2-13　相机、麦克风开关

第10章

Procreate 偏好设置与高级设置

Procreate的设置菜单分为两个部分，一部分为Procreate中的偏好设置菜单，供用户进行软件使用方面的设置；另一部分位于系统的设置菜单中，可进行软件功能方面的设置。

10.1 偏好设置菜单

10.1.1 偏好设置

打开Procreate的任意作品，点击"操作–偏好设置"，即可看到软件的偏好设置菜单（图10-1-1）。

浅色界面：Procreate的界面颜色默认为黑色，打开此开关后，可将软件的界面设置为浅色（图10-1-2）。

右侧界面：将默认位于界面左侧的滑动控制条（图10-1-3）移动到右侧。如用户习惯使用左手绘画，将此控制条移动到右侧将更便于使用。

画笔光标：此开关默认为打开，即当使用画笔绘画时，光标显示为所选画笔的形状（图10-1-4），便于绘画。

图10-1-1 "偏好设置"菜单

图10-1-2　更改界面颜色

图10-1-3　滑动控制条

图10-1-4　光标显示为画笔形状

　　AirPlay画布：打开此开关，可将当前画布以全屏的方式投影到另一个设备的屏幕上，在此屏幕上将只显示画布内容而不显示软件界面，以便展示绘画过程。

　　快速撤销延迟：两只手指按在屏幕上不动，可启动快速撤销（快速逐步撤销多步操作）。通过拖动右侧的滑动条，可增加或缩短使用此功能时，两只手指需要停留在屏幕上的时间。将滑动条拖动到最左侧，则可关闭快速撤销功能。

　　QuickLine延迟：画笔在绘制线条完成后，不离开屏幕，可以在笔画的起点和终点之间建立一条直线。通过调整右侧的滑动条，可以调整启动QuickLine时画笔需要停留在屏幕上的时间。拖动到最左侧，可直接关闭QuickLine功能。

　　用户需根据自己的习惯调整快速撤销延迟和QuickLine延迟的时间，如果时间太短，在使用时将提高误触发这两个功能的频率；如果时间太长，则会使快速撤销和QuickLine难于触发，增加绘制难度。

　　自动隐藏界面停用：此功能默认是关闭的。打开此功能，界面在画笔开始绘制时将自动隐

第10章　Procreate 偏好设置与高级设置

Chapter 1
Chapter 2
Chapter 3
Chapter 4
Chapter 5
Chapter 6
Chapter 7
Chapter 8
Chapter 9
Chapter 10
Chapter 11

藏，画笔离开屏幕时，界面则恢复显示。调整此数值，可调整画笔离开屏幕后，界面恢复显示所需要的时间。

选区蒙版可见度：调整此数值，可调整使用选区功能时，选取蒙版的可见度。调整此数值时，可在画布上实时预览数值对蒙版的影响（图10-1-5）。

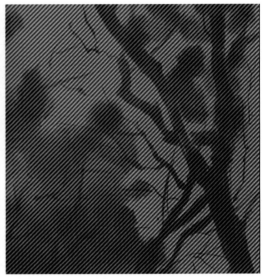

图10-1-5 调整蒙版可见度

连接第三方触控笔：对Apple Pencil之外的其他品牌的触控笔进行连接设定，Apple Pencil不需专门连接（图10-1-6）。

编辑压力曲线：编辑画笔对压力的敏感程度，具体内容请参照第8章。

图10-1-6 连接第三方触控笔

10.1.2　高级手势控制

由于每位用户的绘画、操作习惯不尽相同，所以 Procreate 提供了高级手势控制菜单，来进一步设定 Apple Pencil、触摸等功能的操作方法，以适应用户的不同习惯。

在上方菜单中，选择"操作－偏好设置－高级手势控制"，可打开手势的设置菜单（图 10-1-7）。

Apple Pencil：可以在下方选择使用 Apple Pencil 时可以进行的操作。

选择的工具：Apple Pencil 可根据所选工具的不同进行任何操作。

仅绘画：Apple Pencil 只能用来绘画，无法进行任何其他操作。

图 10-1-7　"高级手势控制"菜单

仅涂抹：Apple Pencil 只能用来涂抹，无法进行任何其他操作。

仅抹除：Apple Pencil 只能用来抹除，无法进行任何其他操作。

触摸，可以设定用户的手指可以进行的操作。

选择的工具：手指可根据所选工具的不同进行任何操作。

仅绘画：手指只能用来绘画，无法进行任何其他操作。

仅涂抹：手指只能用来涂抹，无法进行任何其他操作。

仅抹除：手指只能用来抹除，无法进行任何其他操作。

通过设定 Apple Pencil 和触摸的功能，可以建立用户自己的使用习惯。如果习惯使用 Apple Pencil 进行所有点击、绘画等操作，可选择"选择的工具"；如习惯只将 Apple Pencil 用来绘画，而使用手指来进行点击菜单等其他操作，则可在 Apple Pencil 中选择"仅绘画"，并在"触摸"中选择"选择的工具"。

吸管：即取色器，是绘画中最为常用的功能，选择本菜单可以触发吸管工具的使用方法。

触摸：只要用手指触摸屏幕，即可激活吸管工具。

轻点□：点击屏幕左侧快捷菜单中的"□"按钮，即可激活吸管工具。

按住□+触摸：按住"□"按钮的同时，用另一只手指点击画布，即可激活吸管工具。

按住□+Apple Pencil：按住"□"按钮的同时，用 Apple Pencil 点击画布，即可激活吸管工具。

触摸按住：用手指在画布上按住不放，即可激活吸管工具。

滑块：设定了手指按住画布后激活吸管工具所需的时间。

QuickMenu：在绘画中使用 QuickMenu 可快速选择常用功能，大幅提高绘画效率。菜单中设定了 QuickMenu 的激活方法，与激活吸管工具的方法相同，这里不再赘述。

激活 QuickMenu 后，用手指轻触（或其他选择的方式打开）屏幕，打开 QuickMenu 菜单（图 10-1-8）。

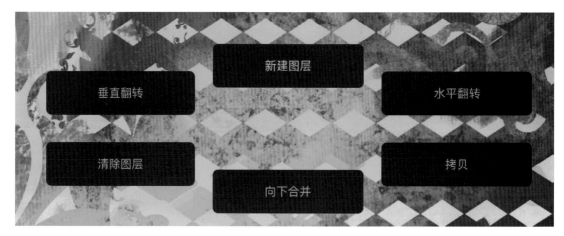

图10-1-8　QuickMenu菜单

　　使用QuickMenu可快速选择所需功能。同时，菜单中的功能可由用户自由设定。点击并按住其中一个按钮不放，可弹出功能选择菜单（图10-1-9）。

图10-1-9　设置"QuickMenu"

10.2　高级设置

　　在iOS的系统设置中，可对Procreate软件的功能进行进一步的设定。点击"操作－帮助－高级设置"（图10-2-1），即可在系统设置中找到Procreate的高级设置选项（图10-2-2）。

图 10-2-1　高级设置

图 10-2-2　系统设置中的 Procreate 高级设置选项

1）允许"PROCREATE"访问

照片：是否允许 Procreate 读取系统照片。

相机：是否允许 Procreate 使用相机。

Siri 与搜索：是否允许 Siri 使用 Procreate 中的信息。

文稿储存：绘画作品存储的位置，如选择"iCloud 云盘"，则可通过云端在不同设备间同步文件。

2）"PROCREATE"设置

捏合缩放旋转：是否支持使用手势对画布进行旋转操作。

画布方向记忆：在打开画布被旋转过的作品时，是否储存画布的旋转方向。

画布适应界面以内：画布适配在界面之内，或是与界面重合。

Palm Support™ 等级：Palm Support 允许用户在绘画时将手掌放在屏幕上。此选项决定了是否使用此功能，可在"禁用 Palm Suport""Palm Support 精细模式"和"Palm Support 标准模式"三个模式之间选择。

慢镜头录制质量：选择绘画过程中视频录制质量。

慢镜头 HEVC 已启用：HEVC（H.265）为较新的视频格式，可在保证视频质量的同时减小视频文件的体积，但是此文件格式只在 iOS11 和 MacOS 10.13 以上的系统中支持。

简化撤销：打开或关闭简化撤销功能。

3）DRAG AND DROP EXPORT

使用 iOS 的多窗口功能，可通过拖拽手势操作，直接将 Procreate 中的文件或图层拖到"文件"窗口中进行保存（图 10-2-3）。

Preferred file format：通过拖拽功能保存文件时所用的文件格式，可在 Procreate、PSD、JPEG、PNG、TIFF 之间选择。

Preferred image format：通过拖拽功能保存图像、图层时所用的文件格式，可在 JPEG、PNG、TIFF 之间选择。

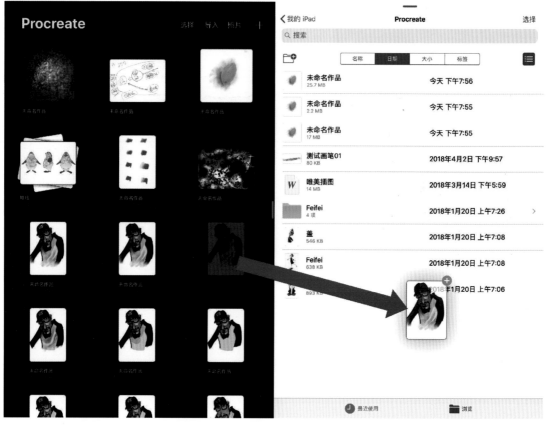

图10-2-3　拖动导出文件

第11章

手机端Procreate Pocket简介

通过手机端的Procreate Pocket，艺术家可以更加方便地创作作品，并对作品进行管理、预览等工作。为了适应手机的使用环境，手机端的Procreate Pocket进行了简化，保留了基础的绘画和图像处理功能，在本章中我们对其进行简单的介绍。

11.1 界面简介

打开Procreate Pocket后，首先进入图库，作品以缩略图的形式排列在界面中（图11-1-1）。

图11-1-1　Procreate Pocket界面

点击左上角的"选择"按钮,可对作品进行单个或批量选择,然后进行删除、导出(图11-1-2)。

点击右上角的"+"按钮,则可以新建画布,并直接进入画布(图11-1-3)。

图11-1-2 批量选择文件

图11-1-3 新建画布

手机端的Procreate Pocket界面与iPad端大体相同,在熟练使用iPad端的基础上,可以很快适应手机端的功能。

11.2 画笔简介

右侧的画笔、橡皮等工具的排列与使用与iPad端相同。但是,手机端的画笔被精简为三个大类——"概念""插图""已导入"(图11-2-1)。

概念分类中的画笔较为简单,适合用于快速绘制概念设计、效果图等作品。插图分类中的画笔,则具有更强的纹理。默认情况下"已导入"分类为空,用以放置用户从外部导入的画笔(图11-2-2)。

选择"导入"按钮,则直接打开"文件",在本地文件中寻找画笔文件。

在支持"3D Touch"功能的手机上使用Procreate Pocket,可以支持画笔的笔压感应功能。

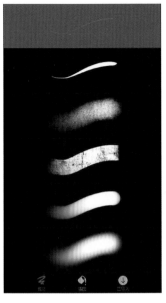

图11-2-1 画笔列表

图11-2-2 导入画笔

11.3 图层简介

图层功能被简化较多。点击图层按钮，进入图层面板（图11-3-1）。

在图层上向左滑动，可对图层进行复制和清除（图11-3-2）。

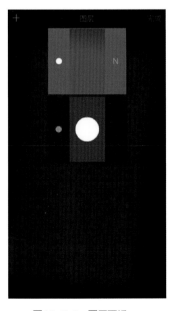

图11-3-1 图层面板

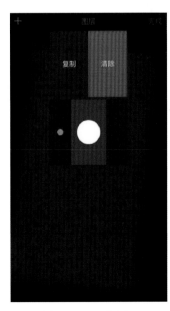

图11-3-2 操作图层

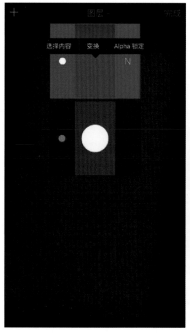

图11-3-3　图层编辑

点击图层，可对图层进行选择、变换和Alpha锁定操作（图11-3-3）。

图层透明度的调整，需要到"高级工具－调整－不透明度"中进行（图11-3-4）。

图11-3-4　"调整"菜单

11.4　菜单简介

受限于手机屏幕的尺寸，Procreate Pocket的"操作""调整""选择""变换"按钮都被整合到"高级工具"菜单中，但其功能与使用方法都与iPad端相同，使用方法请参考前面章节的讲解（图11-4-1～图11-4-3）。

图11-4-1　工具菜单

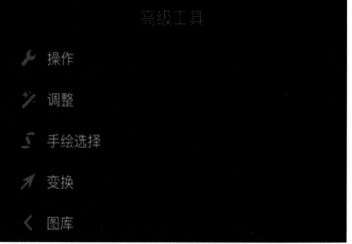

图11-4-2　"高级工具"菜单

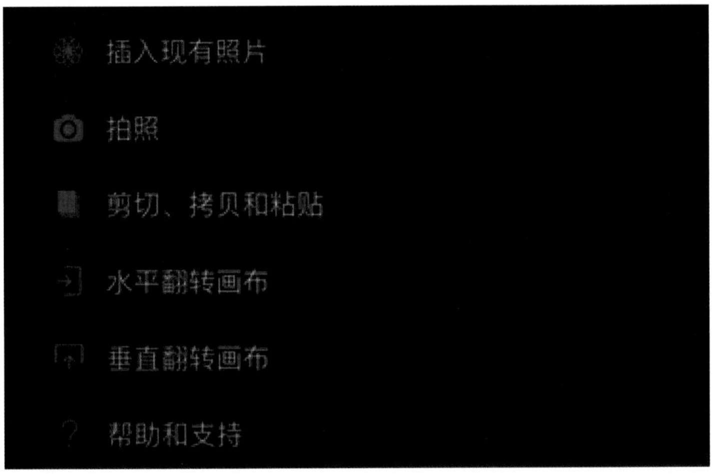

图11-4-3 "操作"菜单